U0176192

堆石料宏细观参数智能反分析及其工程应用研究

马春辉 高志玥 程琳 杨杰 著

中国水利水电出版社
www.waterpub.com.cn
·北京·

内 容 提 要

　　本书主要介绍了作者在堆石料宏细观参数反分析及其工程应用方面的研究成果,共6章。本书采用智能算法、离散元方法构建工程监测数据、宏观本构模型参数、细观接触模型参数间的有机关联,创造地开展了依据工程运行实测资料与室内土工试验结果的堆石料宏细观参数反分析,并将其应用于堆石料细观分析、堆石坝与堆石边坡等工程大变形问题研究中。

　　本书可供水利水电工程、土木工程、工程管理等领域从事科学研究、工程设计、工程施工和运行管理的相关技术人员参考,也可作为水工结构工程、防灾减灾工程、岩土工程专业的研究生教学参考用书。

图书在版编目(CIP)数据

堆石料宏细观参数智能反分析及其工程应用研究 /
马春辉等著. -- 北京 : 中国水利水电出版社, 2022.5
ISBN 978-7-5226-0722-1

Ⅰ. ①堆… Ⅱ. ①马… Ⅲ. ①堆石料-材料力学-参数分析-反分析法 Ⅳ. ①TU521.2

中国版本图书馆CIP数据核字(2022)第087612号

书　　名	堆石料宏细观参数智能反分析及其工程应用研究 DUISHILIAO HONGXIGUAN CANSHU ZHINENG FANFENXI JI QI GONGCHENG YINGYONG YANJIU
作　　者	马春辉　高志玥　程　琳　杨　杰　著
出版发行	中国水利水电出版社 (北京市海淀区玉渊潭南路1号D座　100038) 网址:www.waterpub.com.cn E-mail:sales@mwr.gov.cn 电话:(010)68545888(营销中心)
经　　售	北京科水图书销售有限公司 电话:(010)68545874、63202643 全国各地新华书店和相关出版物销售网点
排　　版	中国水利水电出版社微机排版中心
印　　刷	清淞永业(天津)印刷有限公司
规　　格	170mm×240mm　16开本　11.5印张　225千字
版　　次	2022年5月第1版　2022年5月第1次印刷
定　　价	**58.00元**

前 言

　　堆石料作为重要的工程建筑材料，是具有高压实性、强透水性、高抗剪强度等工程特性的散粒堆积体材料，已被广泛应用于坝工、堤防、道路、机场、港口以及海洋等工程中，也是滑坡、爆破、河道演变等重要科学问题的研究对象。与此同时，为落实"碳达峰、碳中和"重大战略部署、实现生态文明建设的整体布局，我国水利水电事业掀起了新一轮建设热潮，水利水电工程建设面临着"四高一深"（高寒、高海拔、高陡边坡、高地震烈度、深厚覆盖层）的全新挑战。作为水利水电工程中堆石坝、堆石边坡等堆石工程的主要建筑材料，随着堆石工程建设高度与难度的攀升，堆石料的非连续、不均匀、超预期变形等特征将更加突出。从宏观、细观角度深入掌握堆石料物理力学特性，深化散粒结构变形机理研究，对加强堆石坝安全性态控制、确保能源结构安全具有重大意义。

　　本书建立了堆石料多个尺度变量间的强非线性关系，通过改进、串联和优化机器学习算法，使反分析计算确定的堆石料力学参数更符合工程实际，并将其应用于堆石料细观变形机理研究与堆石工程实际问题解决中。本书主要研究内容和成果如下：

　　（1）构建了基于结构监测数据的堆石料宏观本构模型参数自适应反分析模型，应用和声搜索与多输出混合核相关向量机等算法，快速、精确地实现了对不同工程、不同监测项目的自适应反分析，进一步提高了材料参数反分析的计算精度与适用性。此外，提出了基于相关向量机与随机有限元的不确定性反分析模型，以量化堆石坝在设计、施工、建设中存在的诸多不确定性因素，模型综合考虑了结构数值仿真计算以及算法模型输入与输出间的不确定性，能够对堆石料参数的变异系数进行不确定性反分析计算，使反分析后的随机有限元正算值与沉降值的平均绝对误差降为 1.930。

（2）建立了精细化的堆石料离散元三轴试验模型，以准确反映堆石料的材料特性，并深入分析了离散元细观参数对堆石料变形特性的影响规律和机理。通过总结分析堆石料细观接触模拟研究进展，构建基于应力-应变曲线的堆石料细观参数标定模型，应用量子遗传算法和支持向量机解决了以往堆石料细观参数标定中影响因素多、耗时严重的问题。此外，提出了基于宏观本构模型参数的堆石料细观参数标定模型，使标定后的多围压应力-应变曲线误差均小于 0.21MPa，进一步拓展了细观参数标定模型的适用性，并据此定性、定量地分析了三轴试验中堆石料的细观变形演化过程。

（3）提出了基于结构监测数据的堆石料细观参数标定模型，根据堆石坝运行期的实测变形值对堆石料细观接触模型参数进行标定，促使堆石料细观参数值更符合工程实际运行情况。随后，为进一步发挥离散元数值仿真方法在堆石工程结构模拟中的明显理论优势，尝试采用离散元对堆石坝进行数值仿真，并对比分析了堆石坝离散元与有限元仿真的变形、应力计算结果。最后，开发了堆石料宏细观参数反分析平台，将上述多个参数反分析模型集成于平台中，实现堆石料不同尺度参数间的快速、准确转换。

（4）在应用上述堆石料参数反分析方法的基础上，建立了工程尺度的堆石边坡离散元模型，以模拟施工、运行、滚石、地震和工程措施等工况下的堆石边坡失稳演变过程，进而解决了堆石边坡的挡墙高度确定问题。其中，为解决地震波在人工边界处发生反射、叠加等问题，建立了离散元的黏性边界，并对比了不同边界下离散元模型的响应情况，后将其应用于堆石边坡地震工况分析中。通过多个工况的分析，明确了堆石边坡的失稳过程及影响范围，并建议堆石边坡的混凝土挡墙加高到 11m，为类似堆石工程的防护措施设计提供了参考。

本书由马春辉、高志玥、程琳和杨杰共同撰写。博士研究生冉蠡、仝飞、张安安、徐笑颜、李高超、肖晟和硕士研究生赵天豪、陈家敏、陈蕾、涂颖、贾东焱、侯媛媛等在书稿的校对、插图、文字录入与排版等方面做了大量工作。各章节具体分工如下：第 1 章由高志玥、马春辉编写，冉蠡、赵天豪校对；第 2 章由马春辉、程琳编写，仝飞、陈家敏校对；第 3 章由马春辉、杨杰编写，张安安、陈蕾校对；第 4 章由马春辉、高志玥编写，涂颖、侯媛媛校对；第 5 章由马春辉、程琳编写，徐笑颜、肖晟校对；第 6 章由马春辉、杨杰编写，李高超、贾东焱校对。

本书的部分研究工作得到国家自然科学基金项目（51409205）、（41301597），陕西省自然科学基础研究计划重点项目（2018JZ5010）等基金资助，以及相关堆石工程运营单位的基础数据支持，在此对各资助项目管理部门和相关单位表示衷心的感谢！感谢奥地利格拉茨大学 Gerald Zenz 教授对堆石坝离散元数值模拟的指导与建议。

限于作者的水平和认识，书中难免存在疏漏或是错误，恳请广大同行和读者给予批评和指正！

作者

2022 年 3 月 9 日

目 录

第1章

绪　论

1.1　研究背景及意义

　　作为被广泛应用的重要工程建筑材料，堆石料是岩石经过爆破等处理后形成的散粒堆积体材料，其在自然界中来源广泛、储量丰富[1]。相比于其他建筑材料，堆石料具有压实性高、透水性强、抗剪强度高、承载力高以及不易发生液化等工程特性[2]，因此被广泛地应用于机场高填方、道路基础、坝工、堤防、港口、矿业开采以及海洋工程等结构工程中，也是滑坡、爆破、河道演变等科学问题的重要研究对象[3,4]。同时，在高围压、冻融等复杂环境因素作用下，堆石料因颗粒破碎、原始或诱发各向异性等原因，其变形、强度等力学特性表现出明显的演变特征，对工程结构安全性态有着直接影响，迫切需要进一步认识与掌握堆石料的物理力学特性。

　　在水利水电领域中，我国水利水电工程建设事业取得了长足的进步。截至2018年年底，全国已建成各类水库98822座，其中大型水库736座，中型水库3954座[5]。随着我国水资源开发程度的进一步提升，水利水电工程的建设将面临"四高一深"（高寒、高海拔、高陡边坡、高地震烈度、深厚覆盖层）的全新挑战[6]。作为堆石工程的代表性建筑物，堆石坝凭借其适应性强、工程量小、施工方便、导流简化及安全性好等优点，已成为众多西部峡谷高坝、沿海抽水蓄能电站的推荐坝型，目前正朝向300m级高坝发展，其发展历程如图1.1所示[7]。此外，堆石料也是水利水电工程中边坡、堤防等结构的主要建筑材料，这些堆石工程的安全性态均与堆石料材料特性息息相关。近年来，堆石工程建设难度的不断攀升对堆石料材料特性提出了更高的要求，但当前的堆石料室内三轴试验难以全面、精确地反映其材料力学特性。在设计阶段确定的堆石料材料参数值，与实际工程中堆石料的真实力学表现有着明显的近似性，这也是造成堆石工程沉降超出预期、失稳机制复杂和防渗体失效等问题的主要原

1

因之一[8-9]。因此，迫切需要从细观角度深入掌握堆石料物理力学特性，加强离散元等非连续数值仿真方法在解决工程实际问题中的应用。

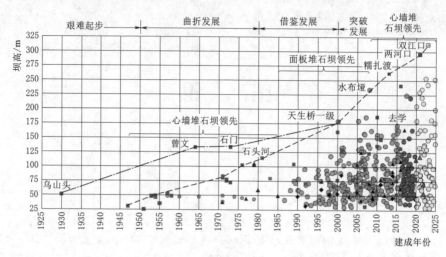

图 1.1 我国堆石坝发展历程与趋势

■—土心墙堆石坝；●—面板堆石坝；▲—沥青防渗堆石坝；◆—膜防渗堆石坝

　　在"大"土木工程领域中，确保工程结构的安全、可靠是工程全生命周期的核心目标，而对于建筑材料的物理力学特性研究往往是实现该目标的基本出发点，"大"土木工程中常见工程问题求解思路如图 1.2 所示。对于工程尺度的性态研究与建筑材料的特性研究，其求解方法均可分为模型测试和数值仿真两类，其中数值仿真方法又可分为以有限元方法为代表的连续数值仿真方法，以离散元方法为代表的非连续数值仿真方法。

　　由图 1.2 可知，在工程尺度问题的求解方法中，有限元方法是应用最为广泛、最为公认的连续数值仿真方法，其计算分析结果已在众多领域和工程中得到检验。有限元方法通过将整个工程区域分解为若干个子区域，通过宏观本构模型建立"作用力"与"变形"间的关系，并通过室内试验、现场原位试验等手段获得本构模型参数，从而求解各类工程尺度的问题。因此，有限元中宏观本构模型的构建思路及其参数取值，对工程尺度的模拟结果具有决定性影响。

　　传统的连续数值仿真方法仅能唯象地重现堆石料应力变形特性，难以用于细观层面的堆石料破坏机理分析。近年来，凭借着可从细观尺度（颗粒尺度）探究宏观现象、物理力学关系明确等优势，离散元等[10]非连续数值仿真方法在土工试验数值模拟、边坡失稳演变过程模拟等方面得到广泛研究与应用，为从细观角度定量分析建筑材料物理力学特性提供了可能。离散元方法与有限元等连续数值仿真方法形成了有效的互补，是解决工程中各类宏细观问题的重要

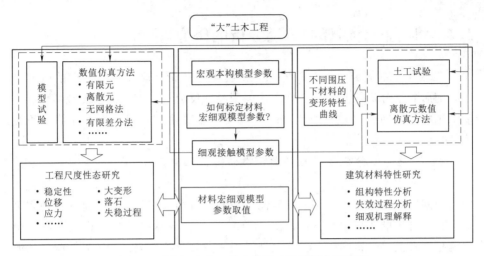

图 1.2 "大"土木工程中常见工程问题求解思路

手段。在土工试验数值模拟中，试件是由大量离散的颗粒物质相互作用形成的复杂体系，具有非连续和强接触耗散等结构和力学特性，表现出较强的不均匀性、随机性、非线性和局部化特征。土工试验中试件整体所表现出的弹模、强度、变形、剪缩和剪胀特性均受到颗粒细观结构与力学行为的影响，如何建立两者之间的关联一直是颗粒物质与工程材料细观机理的研究重点与难点[11]。因此，在离散元土工试验模拟研究中，确定材料接触模型并标定其细观参数是离散元应用中最重要的基础的工作，其对土工试验模拟结果有着直接、明显的影响，更是正确解读材料细观力学特性的基础，这也是制约当前离散元方法发展的瓶颈之一。

综上所述，数值仿真方法作为"大"土木工程领域中重要的求解手段之一，在工程尺度与建筑材料特性方面均有广泛的应用。通常，在数值仿真方法中均需建立"力"与"变形"间的对应法则，以描述结构受力参量与变形参量间的关系。对于有限元方法，该法则常为宏观本构模型，用于描述单元应力与应变间的关系。对于离散元方法，该法则为细观接触模型，用于描述球体受力与球体变形、运动的关系。通过上述分析可知，模型参数的准确与否，对数值仿真的计算结果有着决定性的影响。因此，本书将以堆石料颗粒物质为研究对象，以工程结构监测数据、室内三轴试验数据为研究基础，采用机器学习方法反分析确定堆石料宏观本构模型参数与细观接触模型参数，使堆石料宏细观数值仿真研究中的参数取值更加真实、可靠，对开展堆石料材料力学性能研究、夯实颗粒物质结构和力学研究基础、推动坝工理论发展、确保工程结构安全均具有重要意义。

1.2　堆石料宏细观参数反分析的研究现状

结合本书的研究方向，首先总结工程中反分析问题及其适定性的研究进展，随后着重分析堆石料的宏观本构模型参数反分析、细观接触模型参数标定以及工程尺度的离散元方法应用研究进展，最后简要介绍人工智能算法研究进展。

1.2.1　工程中反分析问题及其适定性研究进展

人类在逐步认识事物与自然规律的过程中，常面临关键变量无法直接观测获得的问题，而根据与其相关的其他可观测变量推求该关键变量是一种切实可行、科学合理的研究手段，即反分析研究[12]。在自然科学与工程技术研究中普遍存在各类反分析问题，包括模型辨识、参数、源、记忆、边界控制和几何等反分析对象[13]，反演、反问题、参数标定、参数识别和系统辨识等概念均涉及反分析研究。当观测数据和自变量间存在非线性关系，则称之为非线性反分析，工程中多数问题为较复杂的非线性反分析问题。

1. 反分析的适定性

在求解反分析前，通常需讨论该问题的解是否具有存在性、唯一性和稳定性，即反分析的适定性研究[14]。但对于反分析解的存在性、唯一性证明通常是十分困难的，实际中多数反分析问题是不适定的[15]。当反分析表现为不适定性时，应尝试增加反分析的约束条件或适当修改解的定义，使反分析具有适定性[16]。众多学者针对水利、岩土工程中反分析问题的适定性进行了讨论：刘迎曦等[17]针对岩体渗透反分析问题，采用正则化方法克服了高斯-牛顿法中系数矩阵的病态和奇异问题，解决了渗透反分析的不稳定性；翁世有[18]研究了混凝土坝绕坝渗流的最优线态控制问题，证明了最优控制存在的唯一性；Huang 等[19-21]通过推导重力坝位移解析解的 Hesse 矩阵，证明了混凝土重力坝多参数弹性位移反分析不具有唯一性，并采用概率统计方法确定了保证率 80% 的重力坝力学参数值；王建等[22]分析了 E-B 本构模型的特点，认为当反分析参数同时包含破坏比、黏聚力和内摩擦角时，会导致反分析结果不具有唯一性；Zhou 等[23]通过合理地布置监测系统、可靠地获取测量数据、充分利用现场先验信息等手段，以保证坝基地下水瞬态反分析的唯一性；Calvello 等[24]基于敏感性分析，确定了参数的关联度和相关性，证明了黏土弹塑性硬化模型的多参数反分析问题具有唯一性；赵同彬等[25]采用影响度和敏感度，评价弹塑性模型下各力学参数和初始地应力的可反分析性。

2. 反分析的计算方法

反分析的计算方法包含解析法、半解析法、数值解法以及最优化求解方法等。其中，最优化求解方法是最常用的反分析方法，各类最优化求解方法的本质区别在于其形成新解的方法不同。通常，在反分析计算中应涵盖待分析参数、目标函数、反分析方法和正分析方法等。其中，目标函数的设定对反分析计算结果有明显影响，应依据观测变量的统计特征定义其范数形式。当观测变量误差服从正态分布时，目标函数应采用欧几里得平方范数，若服从指数分布应采用棋盘格范数[12]。

3. 工程中的反分析问题

由于工程的客观复杂性，在工程的设计、施工过程中存在大量难以直接观测或准确计算的变量，如建筑材料力学参数、渗流场、变形场、应力场、温度场、机组运行与闸门开闭等反分析问题。1971 年，Kavangh 等[26]首次采用有限元法反分析了固体弹性模量参数，从此开启了反分析研究的大门，为本构模型及相关力学参数的确定提供了新思路、新方法。1979 年，Gioda 等[27]提出了关于平面应变的弹性、弹塑性位移反分析问题，随后 Gioda 等[28]采用单纯形法、Rosenbrock、拟梯度法，Cividini 等[29]采用贝叶斯方法对该问题进行求解；Asaoka 等[30]运用二次梯度法反分析确定了弹性模量和泊松比；Spathis 等[31]首先采用人工神经网络反分析塑性硬化本构模型参数；Deng 等[32]基于虚功原理以误差最小化为反分析目标，求解了弹性和弹塑性问题。我国岩土力学界于 20 世纪 70 年代末开展反分析研究，并取得一系列的重要研究成果。1979 年，中科院首次提出采用图解位移法求解平面应变问题；1981 年，杨志法等[33]提出了位移反分析法和反分析正算综合预测法，考虑了岩洞的松动圈对反分析结果的影响；李素华等[34]将多种优化方法用于围岩力学参数和初始地应力的反分析计算中，编写的有限元程序可求解多类复杂围岩问题；孙道恒等[35]将力学计算问题转化为非线性优化问题，并采用神经网络的逆模型求解力学问题；王登刚等[36]基于遗传算法（GA）建立了岩体初始应力场非线性反分析方法；杜好[37]基于多目标问题的微粒群算法，采用覆盖空间尺度和时间尺度的实测资料进行堆石坝坝料参数反分析；闵毅[38]采用 GA 与神经网络方法对土石坝 E-B 本构模型参数反分析；刘振平等[39]反分析了土石坝筑坝材料的动力特性参数；杨荷等[40]采用响应面法对高堆石坝的瞬变、流变参数进行组合反分析。

与正演问题相比，反分析问题的求解面临不适定性、非线性、计算量大等困难，且不适定性一直都是反分析理论研究和实际应用的瓶颈。本书关于堆石料宏观本构模型参数的反分析、细观接触模型参数的标定研究，均属于工程反分析研究范畴，在开展反分析前可通过敏感性分析、解的质量检验等方式验证反分析问题的适定性。此外，本书还将引入先进的机器学习算法，以便更好地处理变量间的非线性特性。

1.2.2 堆石料宏观本构模型参数反分析研究进展

在水利水电工程中，对于堆石料宏观本构模型参数研究多针对堆石坝工程。堆石坝凭借其适应性强、工程量小、施工方便、导流简单及安全性好等优点，已成为众多高坝大库的推荐坝型，但其沉降计算存在"低坝算不小，高坝算不大"的问题。因此，采用反分析手段准确确定堆石料材料参数，对确保工程安全具有重要意义。由于建立大坝位移监测系统较为容易，且位移监测数据准确、稳定和可靠，因此位移监测是馈控大坝安全的重要监测项目之一，依据实测位移数据反分析堆石料本构模型参数，是研究堆石料材料参数的重要手段。通过采用机器学习与智能优化算法，准确、快速、全面地确定堆石料本构模型参数，从而为开展大坝数值仿真分析研究提供可靠的数据支撑，具有重要的工程应用价值和广阔的推广前景。

近些年来，国内外关于工程位移反分析的理论与方法发展迅速，研究对象已从简单的弹性问题扩展至复杂的弹塑性、黏弹塑性问题，当前的工程位移反分析研究主要是针对非线性弹性模型或双屈服面弹塑性模型等复杂本构模型。众多的工程位移反分析方法主要分为确定性分析方法、不确定性分析方法和智能反分析方法。目前，发展较快的智能反分析方法虽已取得了良好的反分析结果，但也存在着易陷于局部极值、精度有待进一步提高等问题。

通常，关于堆石料本构模型参数的反分析方法主要分为直接算法和智能算法两类。直接算法是将参数反分析问题转换为优化问题，但存在难以收敛到全局最优解的缺陷[41]。近年来，智能算法发展迅猛，神经网络法、GA和粒子群算法等智能算法在堆石料反分析研究中有着良好应用。Yu 等[42]采用进化算法优化人工神经网络算法反分析 E-B 本构模型参数，其结果优于 GA 且与监测值吻合良好；Zhou 等[43]将改进的 GA 和有限元法相结合，并应用于茅坪溪和公伯峡大坝中；康飞等[44]在分析堆石坝双屈服面模型参数灵敏度的基础上，将蚁群算法与径向基网络应用于参数反分析中；马刚等[45]尝试采用粒子群算法和神经网络算法，对静力本构模型、流变模型参数进行综合反分析；李守巨等[46]采用有限元模拟堆石坝分层填筑，依据大坝观测数据建立多项式响应面函数，反分析材料参数。

随着机器学习算法的出现，因其具有处理小样本、非线性、高维数等问题的优势，被迅速应用于各类反分析问题中：Zhao 等[47]将支持向量机（SVM）与粒子群算法相结合，用于识别岩体力学参数；Zheng 等[48]将克隆选择算法与多输出支持向量机相结合，依据多测点沉降数据反分析堆石坝材料参数；倪沙沙等[49]依据运行期库水位的渗流场监测数据，采用粒子群算法与 SVM 反分析坝体渗流系数。上述智能算法在堆石坝材料参数反分析问题中取得良好应用效果的同时也存在若干问题：①优化算法易陷入局部极小值；②智能算法参数多由人为选定，对计算结果影响较大，模型推广应用能力较差；③针对大坝建设初期等监测数据有限、样本数量较小的情况，上述模型往往得不到充分训练，反分析结果存在较大误差。

此外，在考虑材料不确定性因素方面，众多学者尝试采用概率论、数理统计、模糊数学等不确定性数学工具，反分析结构参数中输入输出的不确定性[50,51]。Ledesma 等[52]将极大似然估计用于岩土参数反分析中，确定隧洞开挖中的弹性模量；朱晟等[53]通过免疫遗传算法反分析堆石坝筑坝粗粒料本构模型参数，认为室内三轴试验在一定程度上不能客观反映筑坝材料力学特性；Levasseur 等[54]采用 GA 识别板桩墙的摩尔-库仑本构模型参数，证明其十分适用于误差函数拓扑复杂的情况；Juang 等[55]利用蒙特卡洛-马尔科夫链计算开挖土体参数的后验分布，随后通过更新贝叶斯计算土体的最大墙壁偏转和沉降响应；李守巨等[56]尝试通过神经网络模拟室内三轴试验与 Duncan - Chang 本构模型参数间的不确定性关系，反分析堆石坝本构模型参数。同时，学者尝试在有限元等数值计算理论中考虑结构的不确定性，从而完成不确定性反分析；张旭方等[57]提出基于有限元法求结构随机响应概率分布的计算方法；李典庆等[58,59]采用 K - L 级数展开方法表征土体抗剪强度参数的空间变异性，提出了考虑土体参数空间变异性的边坡可靠度分析非侵入式随机有限元法；Lizarraga 等[60]模拟了堆石料及坝基材料的随机场，求解了土石坝坝坡的随机 Newmark 滑移量；杨鸽等[61]采用随机有限法分析土石坝地震反应，认为忽略材料的不确定性可能导致大坝地震反应被低估。由于随机有限元是对结构实际随机场的模拟，其考虑的是结构自身的不确定性，因而该法较前述仅考虑拟合模型中输入输出的不确定性更符合工程实际。

上述关于工程的不确定性研究往往针对输入输出或数值计算中的单一不确定性问题进行研究，而实际工程反分析问题的不确定性在两者中均有体现，理论上应综合考虑拟合模型中输入输出与数值计算中的不确定性。

1.2.3　堆石料细观接触模型参数标定研究进展

非连续介质力学分析方法主要包括石根华提出的非连续变形分析法、块体离散元方法以及颗粒流离散元方法。其中，颗粒流离散元被广泛应用于岩土、水利、爆破、粮食、制药、化工、粉末加工和研磨技术等生产领域，能够模拟颗粒流动、矿山开挖、颗粒材料屈服、流动和体积变形以及动力冲击破坏过程等问题[62]。在土木工程领域中，众多学者尝试从微观力学角度出发对宏观本构模型进行研究，以解释材料变形、损伤断裂等细观机理。当前，采用离散元方法描述连续介质材料宏观物理力学特性与微观特性间的关系，实际上是一个反复分析与纠错的过程。通过不断与实际物理试验结果进行对比分析，以验证自身微观特性假定的正确性，并尝试将这一细观特性应用到比尺更大、材料相同的结构力学分析中[63]。

　　由于实际岩土体细观结构的客观复杂性和当前研究的局限性,尚没有形成一套完善、公认的力学理论用于描述材料宏细观参数之间的定量关系[64]。对于堆石料,受当前计算机计算能力限制,无法完全从堆石料细观尺度建立真实的宏观结构计算模型,因此在离散元仿真模型中,堆石料的细观参数标定多由学者依据个人经验或试错法确定。近年来,国内外关于堆石料离散元三轴试验接触模型与细观参数取值情况统计见表 1.1,涉及的细观参数包括颗粒的法向接触刚度 k_n、切向接触刚度 k_s、摩擦系数 μ、颗粒的法向黏结力 b_n、切向黏结力 b_s、侧墙的法向接触刚度 k_{nw1}、上下加压板的法向接触刚度 k_{nw2}、侧墙的切向接触刚度 k_{sw1}、上下加压板的切向接触刚度 k_{sw2}、孔隙率 n 等。对于采用接触黏结模型的堆石料离散元三轴试验,通常是颗粒间仍采用线性刚度模型,对于粒径较大的块石由采用接触黏结模型的颗粒簇代替生成,以模拟块石的复杂形状、破碎过程。由表 1.1 分析可知:①堆石料离散元三轴试验研究所采用的试样,已逐步由简单的二维模型向更为复杂的三维模型发展;②早期的堆石料细观研究多采用简单的线性刚度模型,随着研究的发展,接触黏结模型被广泛用于构建堆石料中的颗粒簇,以深入研究堆石料破碎等问题;③由于受到众多因素的影响,堆石料细观参数的变化幅度较大甚至存在数量级的差别,难以总结可推广应用的堆石料细观参数标定准则;④除个别案例外,接触模型若采用接触黏结模型,其接触刚度参数数值较采用线性刚度模型有大幅度减小;⑤虽然接触黏结模型更符合堆石料力学特性,但相比于线性刚度模型,其涉及参数数量更多、取值范围更广、细观与宏观参数间作用机理更为复杂,因此迫切需要对接触黏结模型的细观参数标定开展进一步的研究。

表 1.1　　堆石料离散元三轴试验接触模型与细观参数取值统计

序号	维度	接触模型	试件尺寸 /mm	刚度模型		摩擦系数 μ	黏结模型		墙体刚度			孔隙率 n
				k_n /(MN/m)	k_s /(MN/m)		b_n /kN	b_s /kN	k_{nw1} /(MN/m)	k_{nw2} /(MN/m)	k_{sw1} k_{sw2} /(MN/m)	
1[65]	三	线性刚度+接触黏结	$\phi300\times650$	82	20.5	0.38	2.81	1.24	8.2	82	0	
2[66]	三	线性刚度+接触黏结	$\phi200\times500$	5.3	4.7	1.00	0.28	7200	1.5	9.8	0	0.23
3[67]	三	线性刚度+接触黏结	$300\times300\times300$	8	1000	0.6	1.6	1.2				
4[68]	二	线性刚度+接触黏结	6000×1200	298	298	0.43	61.0	61.0	29.8	298		

续表

序号	维度	接触模型	试件尺寸/mm	刚度模型 k_n/(MN/m)	刚度模型 k_s/(MN/m)	摩擦系数 μ	黏结模型 b_n/kN	黏结模型 b_s/kN	墙体刚度 k_{nw1}/(MN/m)	墙体刚度 k_{nw2}/(MN/m)	墙体刚度 k_{sw1}、k_{sw2}/(MN/m)	孔隙率 n
5[69]	二	线性刚度+接触黏结	500×200	600	600	1.00	0.4	0.4				
6[70]	二	线性刚度+接触黏结	600×300	8900	8900	0.54	33.5	33.5				
7[71]	二	线性刚度	1000×1200	150	150	0.7	—	—				0.25
8[72]	三	线性刚度	600×1200×1200	500	400	0.80						0.30
9[73]	三	线性刚度	φ66×66	250	0.7	1.00						0.42
10[74]	三	线性刚度	φ300×700	133	139	0.85						
11[75]	二	线性刚度	700×350	500	500	0.60						

注 二维试样尺寸为宽度×长度；三维圆柱试样尺寸为直径×高度，三维立方体试样尺寸为宽度×长度×高度。

通过上述分析可知，当前细观参数标定多数采用反复尝试和人为调试的方式[76]，存在标定效率低、精度差、盲目性较大等问题，若进一步要求同时拟合不同围压下的变形特性曲线，则当前方法难以准确标定细观参数。因此，如何快速、准确地标定堆石料离散元细观参数，对研究堆石料材料力学性能、确保工程安全具有重要意义，众多学者尝试从试验标定、参数间定性、定量分析、标定模型等角度建立宏观现象与细观参数间的关系，以期为细观参数标定提供思路与方法。

在试验方法标定细观参数方面，Tapias 等[77]尝试基于断裂力学方法构建了堆石料破碎模型，并通过固结仪等多种室内试验手段标定细观参数，其标定结果与室内三轴试验拟合良好；Cabiscol 等[78]根据生产线真实的运行情况，修正药品传输过程的离散元模拟试验，取得了良好的模拟效果。通过试验手段标定材料细观参数，虽更接近材料的真实物理特性，但试验标定过程通常较为繁杂，不利于其推广应用。为准确标定离散元细观参数，学者们尝试探索细观参数与宏观物理表现间的复杂关系，当前关于离散元宏细观参数间互相作用的研究多集中于定性分析：Zhou 等[79]研究了颗粒尺寸对离散元试验结果的影响，认为高围压下颗粒的尺寸效应更加明显；朱俊高等[80]研究了粗粒土级配及密实度对三轴剪切的影响，并提出利用实际土体的相对密实度换算得到离散元模拟时的孔隙率；Zhou 等[81]研究了可破碎颗粒的真三轴模拟方法，分析了宏细观参数间的关联；Xiao 等[82]研究冲击荷载对颗粒破碎和体应变的影响；

Yang 等[83]研究了岩石平行黏结模型中，颗粒数量、细观参数与宏观参数以及单轴抗压强度间的关系；Yoon[84]采用中心合成设计对接触黏结模型的细观参数进行标定，并研究了各细观参数与宏观力学特性的相关性；徐小敏等[85]建立了线性接触模型的细观弹性常数，与颗粒材料宏观弹性常数的经验公式；赵国彦等[86]系统研究了平行黏结模型中细观参数对宏观特性的影响，并提出了宏细观参数的理论公式；周喻等[87]和 Benvenuti 等[88]分别基于 BP 神经网络建立了岩土体和散粒体的宏细观力学参数关系；周博[89]拟合了黏性材料内摩擦角、黏聚力的多元非线性公式，定量地描述细观参数和宏观剪切强度参数间的关系，并给出了法向与切向黏结强度比的建议值；Xu 等[90]研究了不同应力路径下堆石料力学特性曲线，探讨了堆石料宏细观现象之间的关系。

在细观参数标定模型方面，Tawadrous 等[91]采用多种人工神经网络算法，实现了三维岩石试样模型的细观参数标定；Wang 等[92]利用 Python 语言编写了基于模拟退火算法的参数标定程序，并将其集成到商业软件中；李子龙[93]基于自适应差分进化算法，反分析碾压混凝土坝料细观接触参数，为进一步分析其压实特性研究提供了参数基础；Sun 等[94]基于抗压强度、泊松比、弹性模量等宏观参数，采用全因子设计与神经网络构建了细观参数标定模型，在岩石离散元三轴试验模拟中取得了良好的效果；Cheng 等[95]采用连续蒙特卡洛法对土颗粒细观参数进行标定；Shi 等[96]在细观参数标定过程中考虑了岩石的真实结构及其矿物组成成分；刘东海等[97]基于 SVM 模型和自适应差分算法建立了细观参数与沉降量间的关系，实现了沥青混凝土心墙的细观参数反分析。在堆石料研究方面，李守巨和杨杰等[98,99]基于堆石料室内三轴试验的应力应变曲线，分别采用响应面法和相关向量机（RVM）标定堆石料细观参数，取得了良好的应用效果。

上述研究从多个角度探讨了材料宏细观参数间的关系，在一定程度上揭示了细观参数对材料应力应变规律的影响，对离散元细观参数标定具有一定的指导意义，但也存在一些不足：①上述研究对象多为岩石、混凝土等脆性材料，而堆石料作为一种非线性材料，其无明显的破坏表征，应力峰值后仍能保持较大强度；②上述标定模型多进行简化处理，仅考虑单个细观参数或单一围压下细观参数标定问题，缺少对多参数、多围压下细观参数标定问题的研究；③上述研究多对摩尔-库仑等宏观强度准则开展研究，而对于工程中更为常用、力学特性描述更为详细、参数较多的宏观本构模型，其与细观接触模型间关系的研究仍为空白。

1.2.4　工程尺度的离散元方法应用研究进展

离散元不仅在材料细观尺度的机理研究有着良好的适用性，同样适用于工程尺度中块体属性明显的大变形问题研究。对于岩土与水利工程，离散元方法在边坡稳定性分析、落石运动研究、工程措施研究、地震响应分析、水力及渗流场分析、水工结构仿真、振动台试验离散元模拟等数值仿真问题中表现出较强的优越性。

在边坡稳定性分析方面，李世海等[100]采用面—面接触的三维离散元刚性块体，模拟三峡永久船闸的高陡边坡开挖过程，验证了由节理引起的岩体各向异性特征；冷先伦等[101]采用离散元法对龙滩工程高边坡开挖进行模拟分析，评价了边坡稳定性及其开挖破坏机理；徐奴文等[102]建立了高陡顺层岩质边坡离散元模型，总结了边坡开挖卸荷过程中的应力场、位移场、塑性区分布规律，揭示了顺层岩质边坡变形失稳机制；Wang 等[103]探讨坡脚开挖引起的土质边坡破坏机理，得到开挖过程中裂缝和应变的发展情况，并用于评价边坡的变形特点；杜朋召等[104]认为离散元描述岩体结构的精细程度会影响分析结果，通过与极限平衡法对比表明，采用精细化后的离散元强度折减法计算出的高陡边坡潜在滑动面、安全系数合理可行；王成虎等[105]采用离散元数值模拟和极限平衡法相结合的系统分析方法，其高陡边坡的变形特征模拟结果与工程地质结论十分吻合；Wang 等[106]建立了基于位移统计的离散元分析方法，并将其与抗剪强度折减法相结合分析高陡顺层岩质边坡的稳定性；Lu 等[107]通过对比滑坡稳定分析方法，认为离散元法更适合研究岩、土体破坏特征问题；蒋明镜等[108]提出了胶结尺寸的离散元微观接触模型，研究了不同节理形式的边坡破坏形式，实现了边坡失稳演化过程的模拟；李世海等[109]通过对滑坡的稳定分析方法进行比较，认为将计算模型与现场监测分析结果相结合，是判断边坡稳定最有效的方法。Lu 等[110]认为强降雨条件下，离散元能够较好地模拟出径流路径、颗粒速度和滑坡影响范围，为滑坡灾害预警和风险决策支持提供了有效的信息。Weng 等[111]采用离散元法，研究了边坡角度、节理面角度和材料劣化等影响下板岩边坡的变形行为。对于特殊材料堆积成的边坡，汪儒鸿、张玉军和梁希林等[112-114]均采用离散元、有限元和极限平衡法等分析方法研究了堆石体边坡的稳定性；刘蕾等[115]运用离散元数值模拟方法研究了块石混合体边坡的失稳模式。

综上所述，采用离散元方法模拟高陡边坡、滑坡体和库岸等坡体的失稳机理、演变过程和影响范围等问题具有很好的效果。

在落石运动研究方面，Descouedres 等[116]较早地开展了三维空间的滚石运动研究，并据此划分了风险区域；蒋景彩等[117]提出了根据落石轨迹反演离散元设置参数的计算方法，用于解决离散元法方法模拟崩塌落石运动的参数取值问题；Fausto 等[118]开发了三维滚石模拟软件，使用随机分量法使滚石参数具有随机性，该软件在科学研究与工程问题中得到了广泛的应用；Thoeni 等[119]提出了帘式防护网的离散元模拟方法，并验证了其对滚石的阻滑作用；

Toe 等[120]采用离散元方法分析了滚石对树木的冲击作用,并采用敏感度分析确定了影响滚石运动的主要参数;Zhu 等[121]采用离散元方法分析了落石对柔性防护网的冲击力,并与室内试验观测结果进行对比,取得了良好的计算效果;戎泽鹏等[122]利用三维离散元计算危岩体运动路径,分析了落石的腾跃高度、冲击能力、岩块速度等变量的演变情况;Xu 等[123]针对隧道施工过程中出现的落石情况,分析了覆沙层厚度、孔隙率、摩擦系数对落石冲击力的影响,为隧道施工过程中的落石灾害处理提供了指导。

在工程防护措施研究方面,Corkum 等[124]针对不稳定边坡,采用离散元方法分析了边坡稳定性及采用坡脚护坡工程措施的可行性;王吉亮等[125]将宏观地质分析、极限平衡法与三维离散元数值模拟法相结合,对乌东德水电站右岸引水洞进口边坡的整体、局部稳定性进行了系统研究,并提出了边坡加固方案;陈晓斌等[126]采用弹塑性平面离散元模型,分析了开挖步骤、地下水位对龙滩水电站岩石高陡边坡变形、稳定的影响,旨在更有效地指导边坡开挖支护设计;贾彬等[127]采用离散元对边坡稳定进行模拟,并提出相应的加固措施;Ng 和 Choi 等[128,129]针对沟道内发生的泥石流,采用水槽试验与离散元模拟等方法分析了阻滑墩高度对滑坡体的阻滑效果;Bi 等[130,131]采用离散元方法,研究了不同布置方案下的阻滑墩与挡墙对滑坡体的阻滑作用;Effeindzourou 等[132]提出了一种用于落石防护的复合结构离散元建模框架,并通过室内试验与离散元模拟等手段分析了其在圆石撞击下复合结构的动态响应情况;Dugelas 等[133]建立了柔性防护网离散元模型,并分析了落石冲击作用下防护网的响应情况;Su 等[134,135]通过大型摆锤冲击试验校准离散元模型,详细分析了落石与泥石流对石笼挡墙的冲击作用,并对石笼的缓冲层厚度、填充物形状等提出了建议。

在地震响应分析方面,Mendes 等[136]采用块体离散元方法分析了历史建筑物的地震响应情况,并对墙体的地震易损性进行分析;Zhu 等[137]采用离散元法对颗粒滑槽进行了模拟,研究了低频振动对颗粒液化的影响,为研究地震诱发的远程滑坡提供了方法。为提高数值仿真的精确性,众多学者尝试采用不同办法处理人工边界,以吸收由人工边界引起的反射波。目前采用较多的动力边界包括黏性边界、一致边界、叠加边界、旁轴边界、轴对称时域透射边界、黏弹性边界、应力人工边界和多次透射边界等,并在有限元数值仿真方法中被广泛应用。在非连续数值仿真方面,基于连续介质的黏性边界原理,Zhou 等[138,139]推导了适用于离散介质的等效黏性边界条件方程,通过在离散介质的等效黏性边界条件方程中引入微调系数,实现对波的最佳吸收效果。

在水力及渗流分析方面,Stefano 等[140]采用离散元方法,分析了开裂基岩中浮托力对重力坝稳定性的影响;陈宜楷[141]考虑了渗流对尾矿坝离散元模拟的影响，并尝试分析了洪水、地震作用下尾矿坝的稳定性；杨啸铭[142]分析了尾矿库的稳定性及溃坝过程，并提出设置拦渣坝等工程措施以减轻下游损失；王洪洋[143]通过离散元的流固耦合分析，研究了冲蚀速率、流体压力曲线、土颗粒黏结强度对溃口的影响；Shi 等[144]采用三维离散元方法研究了发育裂隙及其渗流对大坝稳定性的影响，并利用强度折减法计算大坝稳定安全系数；周伶杰[145]考虑了不同降雨条件、初期坝体强度下的尾矿坝稳定性，认为其与极限平衡分析法得到的滑动面、安全系数较为接近。

在水工结构仿真方面，张冲和胡卫等[146,147]建立了三维模态变形体离散元理论，并对梅花拱坝的溃坝过程进行仿真研究；Pekau 和侯艳丽等[148,149]采用不同方法将有限元方法、离散元方法与断裂力学相结合，分析了 Koyna 混凝土重力坝的破坏过程；王辉等[150]针对柔性挡土坝的结构特性，采用离散元分析了坝体在挡土前后的应力、位移规律；罗斌瑞[151]尝试采用非连续变形数值分析方法，对小型堆石坝的施工及蓄水过程进行模拟，通过与有限元方法对比认为取得了良好的模拟效果；叶健等[152]采用 GPU 技术进行离散元数值仿真，分析了岩石碎屑流与拦沙坝的三维交互场景可视化；根据颗粒流接触模型原理，王冰玲等[153]对爆炸载荷下混凝土坝裂纹的生成与扩展、碎块的形成与飞离等大变形问题进行了仿真模拟；Su 等[154]采用离散元方法对堤防工程进行模拟，分析了颗粒尺度参数对堤防宏观力学参数的影响，并模拟了堤防从局部破坏到整体失稳的过程；Liu 等[155]采用离散元模拟了堆石料压实的全过程，并分析了碾压参数对压实效果的影响。

在振动台试验离散元模拟方面，孔宪京等[156]采用非连续变形数值分析方法、刘汉龙等[157]和井向阳等[158]采用颗粒流方法，对土石坝、堆石坝的振动台试验进行了模拟；并分析了地震过程中坝体表面形态、内部力链变化情况。邱流潮[159]和申振东等[160]将有限元方法、离散元方法与断裂力学相结合，验证了重力坝在振动台试验中的破坏过程。

通过上述分析可知，近年来应用离散元方法解决工程尺度结构的实际问题处于快速发展阶段，在现象重现、结构模拟等方面均取得了良好的进展，但上述研究也存在离散元细观参数标定困难等问题，关于地震响应分析、水工结构仿真等问题的研究较少，仍需进一步提升离散元方法的模拟技术，深化离散元应用研究。

1.2.5　人工智能算法研究进展

近年来，随着大数据的出现、智能算法的革新、计算速度和存储水平的提升，以机器学习为核心的人工智能研究在机器人学习、视觉图像处理、语音识别等领域取得了重大突破，使人工智能再次受到学术界和产业界的广泛关注[161]。人工智能是利用数字计算机或者数字计算机控制的机器来模拟、延伸和扩展人的智能，是感知环境、获取知识、使用知识获得最佳结果的理论、方法、技术及应用系统研究。作为新一轮产业变革的核心驱动力，人工智能无疑是各行业实现划时代发展的强劲引擎。目前，各类人工智能方法不断涌现，而机器学习、智能优化算法是人工智能中最主要的两部分。针对堆石料宏细观参数间存在的强非线性等特点，将机器学习、智能优化技术有机融入堆石料模型参数反分析中，对推动堆石坝坝工设计、反分析理论发展具有重要意义。

机器学习[162]是人工智能领域中最核心、最成熟的算法类别，其基础理论涉及统计学、系统辨识、逼近理论、计算机科学和脑科学等诸多领域。机器学习的核心研究是如何使计算机更完美地模拟人类的学习行为，使其能够在现有知识的基础上，不断学习新知识，增强自我能力，实现自我更新。在一定网络结构基础上，机器学习通过构建数学模型，以学习输入数据的数据结构和内在模式，再通过不断调整网络参数来提高学习的泛化能力并防止过拟合，由此实现数学模型工具的最优化预测反馈。

作为人工智能领域较为先进的研究方向之一，机器学习算法的发展历程可分为热烈时期、冷静时期、复兴时期和高速发展四个时期[163]。自 1943 年，Mcculloch 等[164]通过观察生物神经元放电过程，提出神经网络层次结构模型以来，各类机器学习算法不断涌现。根据学习模式，可将当前机器学习分为聚类算法、降维算法、分类算法和预测算法等，常用的机器学习方法包括决策树方法[165]、马尔科夫法[166]、贝叶斯方法[167]、神经网络[168]、SVM[48]、RVM[169]以及极限学习机[170]等。针对堆石料宏细观参数反分析任务的小样本、非线性特性，本书将使用目前较为先进的 SVM、RVM、多输出混合核相关向量机（MMRVM）算法构建代理模型，为快速完成反分析任务奠定基础。

自 20 世纪 50 年代以来，人们从生物进化激励中受到启发，提出多种模拟人或其他生物物种的种群结构、进化规律、思维结构、觅食过程等行为的智能优化算法。智能优化算法通过巧妙地模拟智能生物体行为，取得了良好的优化效果，为各类实际问题的解决提供了新技术、新手段。智能优化算法主要包括进化类算法和群体智能类算法。进化类算法通过借鉴生物界自然选择思想和自然遗传机制，模拟自然界中生物从低级向高级的进化过程，常见的进化类算法有进化算法[171]、进化规划算法[172]、免疫算法[173]、水循环算法[174]、和声搜索（HS）[175]和 GA[176]等。此外，自然界中有许多社会性生物种群，虽然它们的个体行为简单且能力有限，但当它们协同工作时体现出复杂的智能行为特征，如：蜂群算法[177]、蚁群算法[178]、鱼群算法[179]、蛙跳算法[180]、混乱萤火虫算法[181]和引力搜索算法[182]等。

经过近 20 年的飞速发展，以机器学习为核心的人工智能已具备了一定的解决实际问题的能力，逐渐成为一种基础性、透明化的支持与服务技术。机器学习在处理小样本、非线性等问题时表现出强大的学习能力，使其在求解拟合预测、分类等问题中具有突出特征；智能优化算法具有计算速度快、结果准确等优势，适于求解各类优化、标定等问题。将机器学习、智能优化算法作为技术支撑，寻找各学科领域与人工智能的结合点，有利于促进不同学科领域的交叉、融合以及智能化发展，实现智能化社会的构建。

综上所述，随着第三次人工智能的兴起，以机器学习为核心的人工智能算法飞速发展，为包含工程领域在内的众多领域提供了新方法。本书将采用机器学习、智能优化等人工智能方法，解决堆石料宏细观参数反分析问题，实现人工智能与工程理论的交叉融合。

1.3 研究问题的提出

通过上述分析可知，当前关于堆石料的多数研究集中于大三轴试验、有限元连续数值仿真等宏观尺度，以及离散元细观模拟、颗粒破碎机理等细观尺度问题，但对于堆石料跨尺度参数间的关联性、细观参数标定方法等方面的研究相对稀少。作为重要的工程建筑材料，堆石料的组成、变形、强度、破碎等细观尺度特性，与堆石工程的变形、强度等宏观尺度特征存在着密切的关联性。材料参数作为衡量堆石料宏细观特征的最直接数据，准确、合理的参数取值是决定堆石料连续、非连续数值仿真成功的关键所在，更是正确解读堆石料材料细观机理、合理分析堆石工程宏观特性以及扩宽离散元工程尺度应用的基础数据支撑。因此，进一步夯实堆石料材料宏细观参数标定依据是开展堆石工程结构研究的重要科学问题，具有重要的科学研究价值与广泛的工程应用价值。

关于堆石料宏细观参数反分析问题的研究内容，具体包含以下几个方面：①考虑到堆石料的工程、宏观、细观多尺度参数间存在的复杂强非线性关系，选取恰当高效、准确、可靠的人工智能方法是实现堆石料宏细观参数反分析的根本途径；②对于宏细观参数标定结果、数值仿真计算结果准确与否的检验方法，是实现堆石料宏细观参数反分析的重要保证；③在准确获得堆石料细观参数的基础上，进一步增强其在科学研究与工程结构中的应用范围与应用效果，是实现堆石料宏细观参数反分析的最终目标。为解决上述科学研究问题，本书将围绕堆石料宏细观参数反分析问题开展研究。

1.4 本书主要研究内容和技术路线

依据工程运行实测资料与室内土工试验结果，通过对机器学习进行改进、串联和优化，实现工程监测数据、宏观本构模型参数、细观接触模型参数的有机联系，从而使堆石料宏细观参数值更符合工程实际，随后将其用于堆石料三轴试验、堆石工程数值模拟与安全性态分析中。因此，本书主要研究内容如图 1.3 所示。

工程尺度

工程结构连续数值仿真
宏观本构模型参数反分析

工程结构非连续数值仿真
细观接触模型参数标定

土工试验非连续数值仿真
细观接触模型参数标定

宏观尺度　　　　　　　　　　　　　细观尺度

图 1.3　堆石料宏细观参数智能反分析主要研究内容

为实现上述研究内容，制订了本书的总体技术路线，如图 1.4 所示。为研究堆石料在细观尺度、宏观尺度和工程尺度下物理力学特性，采用有限元、离散元等连续、非连续数值仿真方法，实现堆石料特性的跨尺度仿真模拟。随后，在定性分析堆石料宏细观参数间互相作用的基础上，采用机器学习方法建立堆石料各尺度间的非线性联系，为实现堆石料宏观与细观尺度材料参数标定提供代理模型。最后，在获得更为准确的堆石料宏细观参数后，将其应用于堆石料的细观组构机理分析、破碎分析、堆石坝工程离散元模拟、堆石边坡工程失稳过程模拟和防护措施效果分析等研究内容中。在上述研究过程中，将多个机器学习与智能优化算法应用于标定模型构建中，以充分发挥机器学习在处理小样本、非线性问题中的优势。

根据上述分析可知，为完成堆石料宏细观参数智能反分析及其应用研究，本书主要开展以下几方面研究：

（1）针对常规坝体材料参数反分析方法存在的计算结果易受影响、模型推广适用性差等问题，研究建立基于 HS-MMRVM 的堆石料宏观参数自适应反分析模型；针对常规坝体材料参数反分析方法未能全面、真实地考虑材料随机性问题，研究建立基于 RVM 和随机有限元的堆石料宏观参数不确定性反分析模型。

（2）针对堆石料离散元三轴试验中存在的细观参数标定影响因素多、耗时

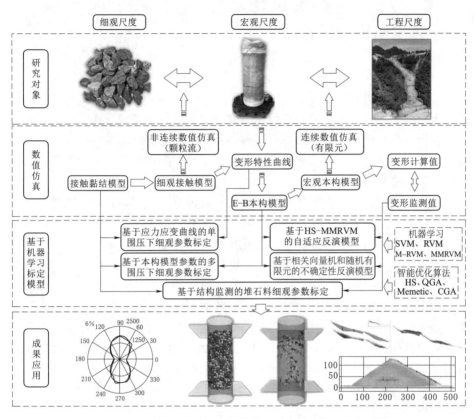

图 1.4　基于机器学习的堆石料宏细观参数智能反分析路线

严重等问题，依据堆石料室内三轴试验数据，建立基于量子遗传算法（QGA）和 SVM 的细观参数标定模型，实现基于应力应变曲线的堆石料离散元细观参数标定；在此基础上，进一步研究建立宏观本构模型参数与细观接触参数的关联，实现基于宏观本构模型参数的堆石料细观参数标定。

（3）为使堆石料细观参数更接近工程实际运行情况，以堆石坝实测变形数据为基础，建立堆石料的细观参数标定模型，使细观参数确定更具工程意义。同时，开发基于机器学习的堆石料宏、细观参数计算分析软件，实现工程监测数据、宏观本构模型参数、细观接触模型参数间快速转换。

（4）针对实际工程中离散材料的大变形问题，建立工程尺度的堆石边坡离散元模型，在准确标定堆石料细观参数的基础上，分析边坡在施工、运行、滚石、工程措施等工况下的失稳演变过程。同时，对于堆石边坡的地震工况，通过建立离散元黏性边界避免地震波在人工边界处发生反射、叠加。通过从速度、体型、距离、能量变化等角度分析地震工况下的堆石边坡失稳演变过程，从而为堆石边坡的工程措施设计提供建议。

1.5　本书主要创新点

本书的主要创新点如下：

（1）本书将机器学习算法应用于堆石料宏细观参数反分析中，建立起能够反映堆石料工程、宏观、细观跨尺度参数间存在的复杂强非线性关系的标定模型，为堆石料细观机理研究与堆石工程实际问题解决提供了准确、可靠的参数支持。据此开发了堆石料宏细观参数反分析平台，实现堆石料不同尺度参数间的快速、准确转换。

（2）从破碎、细观组构等角度定性、定量分析了堆石料在三轴试验过程中的演化规律。通过研究接触方向、平均法向接触力、平均切向接触力的组构参数在不同围压、轴向压缩过程中的演化规律，其与堆石料室内三轴试验的基本认识相吻合，从侧面证明了本书所标定细观参数的合理性及标定方法的可行性。

（3）在获得准确细观参数的基础上，将离散元方法应用于堆石边坡失稳演变过程分析、地震响应情况分析以及挡墙高度确定等实际工程问题中，计算结果表明当挡墙高度增加到 11m 时，不仅能够阻挡大量块石，还能有效地减小滚石滚落至河床底部的可能性。此外，计算结果表明在边坡失稳的动荷载作用下，石笼挡墙受力约为静荷载工况的 4.8 倍，混凝土挡墙约 3.8 倍，为实际工程防护措施的设计提供了重要建议。

第 2 章

基于结构监测数据的堆石料宏观本构模型参数反分析

作为水利水电工程领域中堆石工程的代表性结构，堆石坝凭借其适应性强、工程量小、施工方便、导流简化以及安全性好等优点，随着世界范围内水利水电开发力度的不断加大得以快速发展和广泛应用[183]。但由于受试验条件、施工工艺、施工质量和运行环境等因素影响，设计阶段的堆石料参数取值存在一定的近似性，未能全面、准确、真实地反映堆石料材料特性，致使堆石坝坝体理论沉降值常小于实测值，对水库后期管理运行造成较大隐患。因此，当前关于堆石料材料的认识与其在实际工程结构中的物理力学表现存在明显差异，如何准确确定堆石料的物理力学材料参数，使其参数值更接近堆石料在实际工程中的真实性态，是开展堆石料材料性质研究的重要内容。因此，本章将尝试以结构监测数据为研究基础，采用反分析方法确定堆石料宏观本构材料参数，有助于深化堆石料材料认识、优化设计标准、指导大坝施工和运行，从而推动坝工理论的发展。

2.1 堆石料材料特性

目前，众多学者针对堆石料材料参数反分析问题开展了较多的研究，积累了丰富的研究成果与应用经验，本节将深入总结了堆石料的基本性质以及多尺度描述，重点针对反分析过程中存在的自适应性问题，以及堆石料材料的不确定性问题开展研究，建立有针对性的堆石料宏观本构模型参数反分析模型。

堆石是由各种母岩经过自然风化、人工爆破、开挖等物理化学作用而产生，以颗粒为主并具有一定级配的无凝聚性散粒体材料[3]。不同成因产生的堆石特性也不同：由爆破产生的新鲜堆石颗粒呈尖角状、棱柱状或块状，细颗粒含量较低；经过河流冲积、洪积产生的砂砾石颗粒呈浑圆或团块状[184]。通常，堆石料中的散粒材料呈单粒状，其中粒径较大颗粒组成堆石结构骨架，较小颗粒填充于骨架颗粒的孔隙中，并且颗粒的破碎性质决定着堆石料的强度、变形特性。

2.1.1　母岩特性

堆石料依据其母岩性质的不同，可分为新鲜与风化、坚硬与松软等类型，为掌握堆石料性质应首先研究其母岩的岩石性质。堆石的岩石性质是指组成堆石骨架颗粒的岩石性质[139]，工程中的岩石性质衡量包括比重、密度、抗压强度、软化系数、孔隙率、吸水率、饱和水率和风化度系数等指标。

2.1.2　剪胀性

堆石料结构通常为单粒结构，其颗粒排列呈相互嵌接、咬合状态。因此，当堆石料受剪时，剪切面附近的颗粒必须通过剪断、滚动翻转等运动克服咬合状态，同时受颗粒排列紧密的影响，堆石料体积发生膨胀，即剪胀，材料的强度也将随之增加。堆石料的剪胀性随围压高低、颗粒大小、轴应变与颗粒破碎率的不同而发生变化。

2.1.3　湿化变形特性

在浸水、饱和过程中，堆石料表现出了类似黄土湿陷的湿化性质。在一定应力状态下，堆石料浸水后颗粒间连接被水浸润，同时受颗粒矿物浸水软化等原因，使颗粒发生滑移、破碎和重新排列，宏观表现为湿化变形与强度降低[185]。

2.1.4　流变特性

在荷载作用下，堆石料除发生瞬时变形外，还会随时间发生破碎和重新排列，其宏观表现为堆石结构变形。与土体的固结现象不同，堆石料渗透性较好、排水自由，因此，将荷载作用下堆石料随时间发生的变形称为堆石料流变。

2.1.5　破碎特性

堆石料破碎是指材料在接触应力作用下发生开裂、崩解的现象。通常，多棱角、针片状的堆石料颗粒较易发生破碎，浑圆或块状的堆石料颗粒不易发生破碎，且高应力状态下堆石料易破碎。堆石料破碎将引起材料级配、结构的改变，对堆石料的变形、强度、渗透系数和孔隙水压力等物理力学特性均会造成明显的影响[186,187]。因此，在堆石料离散元三轴试验模拟中，应充分考虑堆石料的颗粒破碎特性。

2.1.6　级配

堆石料的级配特点如下：①在压力左右下，块石将发生破碎使粒径较大的块石破碎为粒径更小、数量更多的块石，导致其粒径级配曲线发生明显变化；②由于堆石料粒径范围较大，受试验条件的限制，原型级配通常不能直接用于室内试验。对此，室内三轴试验的试样需采用相似模拟法、等量替换法、剔除法或综合法等方法进行缩制。

2.1.7 压实性

不同于黏性土，堆石料是单粒状排列的散粒体结构，块石间的主要连接方式为邻接接触与咬合连接，连接强度主要为摩擦阻力。静力条件下通常难以克服堆石料的摩擦阻力，振动条件下较易克服。当堆石料受到振动时，不同质量的块石往复惯性力不同，由此在相邻堆石颗粒间产生动剪应力，摩擦阻力极易丧失，从而使块石产生位移，实现堆石料的压实。因此，在振动条件下，堆石料能够发生相互移动、充填，使堆石料整体达到更密实的结构状态。

2.1.8 工程特性

作为工程建筑材料，通常要求堆石料粒径为 $600\sim1000\mathrm{mm}$，小于 $25\mathrm{mm}$ 的颗粒含量不大于 50%，小于 $5\mathrm{mm}$ 的颗粒含量为 $30\%\sim40\%$，小于 $0.1\mathrm{mm}$ 的颗粒含量在 10% 左右。同时，堆石料应具有良好的排水性，其渗透系数不应小于 $1\times10^{-3}\mathrm{cm/s}$。根据工程应用情况，通常需对堆石料的母岩性质、物理性质、强度性质、应力-应变性质及渗透稳定性质等内容进行调查试验，其中以堆石料的应力-应变性质最为重要，其对工程尺度的结构影响也最为明显。

2.2 堆石料材料的多尺度描述

目前，关于堆石料材料性质及其工程应用的相关理论研究、计算分析，根据其研究尺度均可分为以下情形：

（1）细观尺度。从细观尺度角度，通过室内试验、数值仿真等手段研究堆石料颗粒间的破碎、受力、变形、运动等细观机理演化规律，以深入掌握堆石料的材料性质。

（2）宏观尺度。作为散粒体材料，堆石料的宏观表现是散粒体颗粒间细观作用的集合表现，能够通过开展室内静动力三轴试验、剪切试验等土工试验以及各类数值仿真方法直观掌握堆石料材料性质。此外，在宏观尺度还可以通过振动台、离心机等试验平台缩尺研究堆石工程尺度的性能。

（3）工程尺度。通过对堆石坝、边坡路基、堤防、机场等堆石工程建筑物进行工程结构安全监测、无损探测、现场原位试验等研究，以掌握堆石工程结构在实际运行过程中的工作性态。

作为常用的科学研究方法，数值模拟是实现细观与宏观尺度、宏观与工程尺度连接与跨越的重要技术手段，而描述结构受力参量与变形参量间的法则是数值模拟的核心。对于细观与宏观尺度，离散元等非连续数值模拟方法依托于堆石料细观接触模型，建立了堆石料细观颗粒间作用机理与宏观三轴试样表现之间的关系。对于宏观与工程尺度，有限元等连续数值模拟方法依托于堆石料宏观本构模型，建立了堆石料三轴试样宏观表现与结构应力、变形等工程特征之间的关系。通过上述分析可知，细观接触模型、宏观本构模型以及工程特征表现等角度能够较为完整地从多尺度描绘出堆石料力学特性，也是开展堆石料物理力学特性研究内容的重要组成部分。

2.2.1　堆石料细观接触模型

离散元数值仿真模型由大量颗粒组成，细观接触模型是描述颗粒受力、变形和运动等状态的核心法则。将针对堆石料块石间的相互作用关系定义为堆石料细观研究，因此在采用离散元方法研究堆石料块石间的细观作用机理时，离散元细观接触模型的设定思路及其参数取值，对堆石料宏观表现的数值仿真结果具有决定性影响。目前，对于堆石料细观特性的研究常采用接触黏结模型[188]，其基本原理详见 3.1.2 节。

当根据模拟对象特征确定细观接触模型类型后，细观接触模型的参数取值对颗粒间法向与切向的受力、变形以及颗粒间的运动均有决定性的影响，而颗粒间互相作用的宏观集合表现为堆石料三轴试验的变形特性曲线。因此，在堆石料离散元三轴试验中，其细观接触模型的参数取值与变形特性曲线间有着密切关系。

2.2.2　堆石料宏观本构模型

有限元等连续介质宏观模型通过将整个工程区域分解为若干个子区域，采用宏观本构模型建立应力与应变间的关系，并通过室内试验等方式获得本构模型参数值，从而建立数值模型，模拟与求解各类工程尺度问题。因此，宏观本构模型的构建思路及其参数取值对工程尺度的模拟结果也具有决定性影响。在水利水电工程中，通常采用 E-B 本构模型描述堆石料力学特性，得到了广泛的认可与应用，因此本书将采用 E-B 本构模型描述堆石料的宏观力学特性，其基本原理见 2.3.1 节。

堆石料 E-B 本构模型共需 8 个参数，通过计算单元材料的切线弹性模量 E_t 和切线体积模量 B，随后组装成刚度矩阵 $[D]$ 用于有限元计算。通过上述分析可知，在选择恰当的宏观本构模型理论基础上，宏观本构模型的参数取值对工程尺度的整体变形、应力分布等模拟结果均有明显影响。因此，在堆石工程有限元计算中，宏观本构模型参数值与工程尺度的仿真结果密切联系。

2.2.3　堆石料工程尺度变形监测

随着我国基础设施建设的不断突破，新建工程将面临更为复杂的地形、地质、水文、气象、材料等自然环境的考验，同时受限于现有基础理论知识、测试技术与施工技术水平，在工程建设与运行过程中仍存在大量的不确定性和不可预测性因素。为进一步掌握工程施工期、运行期的安全性态，常在工程结构物上布设大量的监测仪器及信号传输系统，以及时采集工程各部位、各项目的监测数据，从而掌握工程尺度的结构运行性态，这对于确保工程安全、反馈设计及施工、提供决策依据均具有十分重要的意义。

对于水工建筑物，安全监测是利用各种传感器和监测设施，通过人工测读或自动化测读的采集方式，对水工建筑物的变形、渗流、应力应变、温度等项目进行监测。通过对建筑物及其基础在施工期、蓄水期以及运行期的全过程安全监控与预警预报，了解工程性态长期变化趋势并及时发现工程中存在的异常迹象，从而确保建筑物及其基础的安全。其中，变形监测数据的变化最为直观、敏感，因此变形监测是工程安全监测最为重要的组成部分。根据变形监测资料，不仅能够掌握工程安全性态，还能深入认识建筑材料性能、检验工程设计方案的正确性，有利于优化与改进设计、施工方案。

在自重、上下游水压力和温度等因素的影响下，大坝及其基础会产生明显的垂直变形，其量测方法有精密水准、液体静力水准遥测仪、垂直变形自动化监测系统、竖直传高、真空激光准直、三角高程测量和测温钢管标等。堆石工程中最常用的垂直变形监测仪器是电磁式沉降仪，其通过检测沉降管外磁环的位置，测量出不同深度位置的变形量，如图2.1所示。

通过上述分析可知，相较于细观分析、室内试验等研究手段，通过安全监测获取的工程尺度监测数据，能够最为直接、真实、原始、综合和及时地反映工程尺度建筑物的性态，更加真实、可靠地反映材料的物理力学性质，相关监测数据更具有说服力，是研究建筑材料物理力学性质的重要数据资料。

图 2.1　电磁式沉降仪

2.3　堆石料宏观本构模型参数自适应反分析

在上述分析的基础上，首先，开展堆石料宏观本构模型参数的反分析研究。为进一步提高堆石料参数反分析模型的计算精度与适用性，本书建立了基于 HS 与 MMRVM 的自适应反分析模型，通过引入混合核函数构建MMRVM，使其能够高精度地模拟宏观本构模型参数与大坝沉降间的复杂非线性关系，从而代替耗时较长的有限元计算；模型通过利用参数较固化的 HS

优化确定 MMRVM 核参数，使反分析模型具有自适应性；最后，以实测沉降数据为依据，充分发挥 HS 的全局搜索能力，反分析堆石料本构模型参数，并在此基础上建立大坝沉降预测的置信区间。此外，在分析反分析模型计算所需测点个数与信噪比对反分析计算结果影响的基础上，通过公伯峡堆石坝应用实例证明：HS‐MMRVM 可快速、精确地反分析堆石料 E‐B 本构模型及流变模型参数，HS‐MMRVM 模型凭借其自适应性在实际工程中具有良好的应用前景和推广价值。

2.3.1　堆石料本构模型

在堆石工程有限元数值仿真分析中，需采用静力本构模型计算堆石料的瞬时变形，并采用流变本构模型计算堆石料的长期变形。本节采用 E‐B 本构模型作为静力本构模型、元件组成流变模型，堆石料静力、流变本构模型简介如下。

2.3.1.1　堆石料静力本构模型

相较于摩尔‐库仑等强度理论，宏观本构模型对材料的力学特性描述更为详细、准确，能够计算工程在不同受力情况下的变形情况，在实际工程的分析计算中应用也更为广泛。因此，应用本构模型对堆石料的变形特性曲线进行处理，能够更加准确地反映堆石料的宏观变形特性。在水利水电工程中，多采用 E‐B 本构模型[189]描述堆石料力学特性，其已得到了广泛的认可[190]，因此本书将以 E‐B 本构模型为例进行堆石料细观参数标定。对于三轴试验结果，E‐B 模型采用双曲线形式拟合材料变形特性曲线，其基本原理如图 2.2 所示。

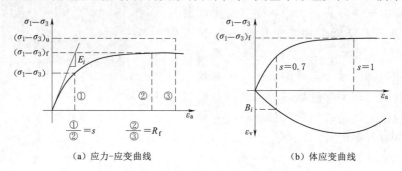

（a）应力‐应变曲线　　　　　　　（b）体应变曲线

图 2.2　E‐B 本构模型原理[189]

图 2.2（a）中，E‐B 本构模型认为偏主应力 $\sigma_1-\sigma_3$ 与轴向应变 ε_a 可用双曲线关系表示。基于上述假定，通过推导可得出弹性模量 E_t 的计算公式为

$$E_t = E_i(1-R_f s)^2 \tag{2.1}$$

式中：E_i 为初始切线模量；R_f 为破坏比；s 为应力水平。

不同围压下的初始切线模量 E_i 不同，通过拟合 $\lg(E_i/p_a)$ 和 $\lg(\sigma_3/p_a)$

得直线的截距为 K_i，斜率为 n，p_a 为大气压力。

则任意围压 σ_3 下的初始切线模量 E_i 为

$$E_i = K_i p_a \left(\frac{\sigma_3}{p_a}\right)^n \qquad (2.2)$$

破坏比 R_f 为试样破坏时偏应力 $(\sigma_1 - \sigma_3)_f$ 与双曲线数学渐近线 $(\sigma_1 - \sigma_3)_u$ 的比值，并取不同围压下的破坏比平均值。应力水平 s 为当前偏应力 $(\sigma_1 - \sigma_3)$ 与试样破坏时偏应力 $(\sigma_1 - \sigma_3)_f$ 的比值，其中 $(\sigma_1 - \sigma_3)_f$ 可根据极限摩尔圆方法推求。在本构模型中，通常认为堆石料无黏聚力，则应力水平 s 为

$$s = (\sigma_1 - \sigma_3)/(\sigma_1 - \sigma_3)_f = (1 - \sin\varphi)(\sigma_1 - \sigma_3)/(2\sigma_3 \sin\varphi) \qquad (2.3)$$

式中：φ 为摩擦角。

考虑到粗粒料的摩尔包线具有明显的非线性，通过拟合不同围压下的摩擦角 φ 与 $\lg(\sigma_3/p_a)$，得直线的截距为 φ_0，斜率为 $\Delta\varphi$，则围压 σ_3 下的内摩擦角 φ 为

$$\varphi = \varphi_0 - \Delta\varphi \lg \frac{\sigma_3}{p_a} \qquad (2.4)$$

将式（2.4）代入式（2.2）中，最终得加载情况下弹性模量 E_t 为

$$E_t = \left[1 - \frac{R_f(1 - \sin\varphi)(\sigma_1 - \sigma_3)}{2\sigma_3 \sin\varphi}\right]^2 K_i p_a \left(\frac{\sigma_3}{p_a}\right)^n \qquad (2.5)$$

对于卸载和再加载工况，采用 E_{ur} 代替 E_t 计算回弹模量 E_{ur}：

$$E_{ur} = K_{ur} p_a \left(\frac{\sigma_3}{p_a}\right)^n \qquad (2.6)$$

式中：K_{ur} 为常数，可通过试验确定，一般情况下 $K_{ur} > K$。

通常认为初次加载和再加载时，n 值基本相同。

对于切线体积模量 B，邓肯假定其仅与围压有关，通常根据应力水平为 0.7 时的体应变值确定各围压的体积模量 B_i，如图 2.2（b）所示。通过拟合 $\lg(B_i/p_a)$ 和 $\lg(\varepsilon_3/p_a)$ 得直线的截距为 K_b，斜率为 m_b，则切线体积模量 B 为

$$B = K_b p_a \left(\frac{\sigma_3}{p_a}\right)^{m_b} \qquad (2.7)$$

综上所述，堆石料 E-B 本构模型共有 8 个参数：φ_0、$\Delta\varphi$、R_f、K_i、n、K_b、m_b、K_{ur}。

通过式（2.5）、式（2.7）计算切线体积模量 E_t 和切线体积模量 B，随后组装刚度矩阵 $[D]$ 用于有限元计算。

2.3.1.2 堆石料流变本构模型

在静荷载、风化侵蚀和周期性荷载等因素作用下，堆石料存在明显的流变特性，宏观表现为坝体的长期变形可延续几年、十几年。针对堆石料的流变特

性，众多学者采用胡克弹性体、牛顿黏滞体以及圣维南刚塑体等基本流变元件，建立了多类元件流变模型。本书将采用贝克尔流变模型模拟堆石料的流变特性，其由马克威尔体和开尔文体串联而成，基本原理如图 2.3 所示。

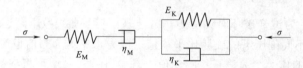

图 2.3　贝克尔流变模型原理

贝克尔流变模型在由 t_0 到 $t_0+\Delta t$ 的流变总量为 $\Delta\varepsilon_{v,\Delta t}$，其计算公式为

$$\Delta\varepsilon_{v,\Delta t}=\left[1-\exp\left(-\frac{E_K}{\eta_K}\Delta t\right)\right]\left(\frac{1}{E_K}C\sigma-\varepsilon_{v,K,t_0}\right)+\frac{\Delta t}{\eta_M}C\sigma+\varepsilon_{v,K,t_0}+\varepsilon_{v,M,t_0}$$

$$(2.8)$$

式中：E_K 为弹性模量；η_K 为偏应力下黏性系数；η_M 为球应力下黏性系数；C 为泊松比矩阵；σ 为应力张量；ε_{v,K,t_0} 为 t_0 时刻的开尔文元件的黏性应变；ε_{v,M,t_0} 为 t_0 时刻的马克威尔元件的黏性应变。

此外，采用广义开尔文模型模拟混凝土的流变特性，其是一种黏弹性体模型，由一个胡克弹簧和 n 个开尔文元件组成，其模型如图 2.4 所示。

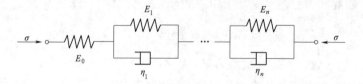

图 2.4　广义开尔文流变模型原理

参考贝克尔模型流变增量推导过程，可得广义开尔文模型在 t_0 到 $t_0+\Delta t$ 时间内的流变增量 $\Delta\varepsilon'_{v,\Delta t}$ 为

$$\Delta\varepsilon'_{v,\Delta t}=\sum_{i=1}^{n}\left[1-\exp\left(-\frac{E_i}{\eta_i}\Delta t\right)\right]\left(\frac{1}{E_i}C\sigma-\varepsilon_{v,t_0}\right)\qquad(2.9)$$

式中：E_i 为第 i 个开尔文元件的弹性模量；η_i 为第 i 个开尔文元件的黏性系数。

2.3.2　HS - MMRVM 算法基本原理

2.3.2.1　HS 基本原理

HS 是 2001 年 Geem 等[191] 提出的一种新颖的智能优化算法，算法通过模拟音乐创作中乐师们凭借自己的记忆，反复调整乐队中各乐器的音调，最终达到美妙和声状态的过程。目前，HS 已被广泛应用于边坡稳定分析[192,193]、流量演算[194]、掺气量估算[195]、阻尼参数率定[196] 和参数反分析[197] 等研究中。

相比 GA、粒子群法等优化算法，HS 具有更好的全局寻优能力[198]。同时，HS 参数较为固定，无须针对特定问题进行人为调整，可用于实现自适应性反分析模型。HS 模拟了在音乐创作过程中，乐师们根据记忆反复调试乐队中各乐器的音调，最终达到一个美妙和声状态的过程，其流程如图 2.5 所示，主要实现步骤[199]如下所述。

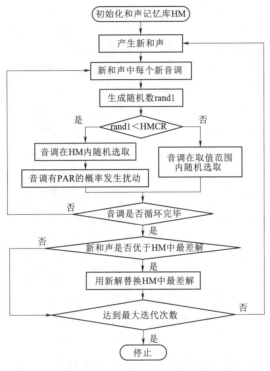

图 2.5 HS 算法流程图

1. 初始化和声记忆库

设定主要参数：变量个数 T、最大迭代次数 IT_{max}、和声记忆库的大小 HMS、记忆库取值概率 HMCR、音调微调概率 PAR、音调调节带宽 b_w。随后，随机生成 HMS 个和声（Z^1，Z^2，…，Z^{HMS}）并存放至和声记忆库，库内和声总数始终保持一定，仅存储适应度 $f(Z^i)$ 排序最优的 HMS 个和声。和声记忆库 HM 形式为

$$\mathrm{HM} = \begin{bmatrix} Z^1 & f(Z^1) \\ Z^2 & f(Z^2) \\ \vdots & \vdots \\ Z^{HMS} & f(Z^{HMS}) \end{bmatrix} = \begin{bmatrix} z_1^1 & z_2^1 & \cdots & z_T^1 & f(Z^1) \\ z_1^2 & z_2^2 & \cdots & z_T^2 & f(Z^2) \\ \vdots & \vdots & \ddots & \vdots & \vdots \\ z_1^{HMS} & z_2^{HMS} & \cdots & z_T^{HMS} & f(Z^{HMS}) \end{bmatrix} \quad (2.10)$$

2. 构建新音调并组合成新和声

新和声 Z' 中的每个新音调 z_i'（$i = 1, 2, \cdots N$）均可通过以下过程生成：①新音调 z_i' 有 HMCR 的概率来自和声记忆库（$z_i^1 \sim z_i^{HMS}$）中的已有音调，另有（$1 - HMCR$）的概率来自和声记忆库外的随机音调；②若新音调 z_i' 来自和声记忆库，则还有 PAR 的概率可对该音调进行微调，另有（$1 - PAR$）的概率保持原值。

3. 更新和声记忆库

计算新和声的适应度，当其值优于现存和声记忆库中适应度最差的和声时，用新和声代替最差和声，完成和声记忆库的更新。

4. 检查是否达到最大迭代次数 IT_{max}

若无则重复步骤 2 和步骤 3，否则计算停止。

2.3.2.2　RVM 基本原理

机器学习算法中的 RVM 算法在处理小样本、非线性等问题时具有明显优势，因此选择 RVM 作为离散元计算的代理模型，以建立宏观本构模型参数与细观接触模型参数间的关系。RVM 是 Tipping[200] 于 2001 年提出的基于贝叶斯框架的稀疏概率模型。RVM 采用主动相关决策理论移除不相关的点，以减少相关向量个数，实现模型稀疏化。在 RVM 学习样本数据的过程中，绝大多数参数的后验分布逐渐趋于 0，即该样本与预测值的计算无关。RVM 学习完成后，后验分布非零的样本数据称为相关向量，即该样本参与预测值的计算。相比于 SVM，RVM 避免了核函数必须满足 Mercer 条件的限制条件，减少了核函数的计算量，且可得出预测值的后验概率分布。

目前，关于 RVM 算法在水利工程领域的应用才刚刚起步。杜传阳等[201] 将马尔科夫链、粒子群算法与 RVM 结合，应用于大坝变形监测模型中；顾微等[202] 主要针对不同核函数对分析拱坝监测数据的影响进行了研究，表明混合核函数的性能最优；屠立峰等[203] 尝试采用 ARIMA 模型、粒子群算法和改进粒子群算法优化 RVM 核参数，并将其应用于大坝安全预警中；王海军等[204] 在电站厂房原型振动观测数据相关分析的基础上，建立了基于 RVM 的厂房振动响应预测模型；Li 等[205] 以乌东德大坝库岸滑坡为例，选取了影响库岸稳定的 7 个影响因子，采用 RVM 评估边坡破坏概率；Okkan 等[206] 采用 RVM 对大坝流域内的降水量进行预测，以满足水库的防洪要求。同时，学者们在 RVM 基础上提出了众多改进算法：Bishop 等[207] 建立了变分相关向量机，采用变分推理代替最大似然估计，实现超参数估算；Tipping 等[208-209] 为提高 RVM 的运算性能，建立了基于边缘似然函数内在属性的优化算法，以及基于噪声分布的变分相关向量机模型，增强模型鲁棒性；Yang[210] 针对大量数据下模型训练时间较长的问题，提出了快速 RVM 训练算法；Clark 等[211] 为解决多目标优化问题，提出了基于进化算法的 RVM 模型；Thayanantha 等[212]建立了适用于多输出变量回归问题的多输出相关向量机算法（M-RVM）；Ha 等[213]在此基础上通过降低时间复杂度，建立了更加快速的 M-RVM 算法，基本原理如下：

设训练样本集为 $[x^{(r)}, t^{(r)}]_{n=1}^{NR}$，其中 $x^{(r)} \in R^{1 \times q}$ 和 $t^{(r)} \in R^{1 \times M}$ 为第 r 组训练样本的输入和输出向量，q 为输入变量个数，M 为输出变量个数，NR 为训练样本总数，输出向量 $t^{(r)}$ 的数学表达式为

$$t^{(r)} = \overset{*}{W} \overset{*}{\Phi}[x^{(r)}] \qquad (2.11)$$

式中：$t^{(n)} = [t_1, t_2, \cdots, t_m, \cdots, t_M]$，$1 \leqslant m \leqslant M$，$t^{(n)}$ 为即第 n 组样本的多预测值输出向量；$\overset{*}{W} = [\overset{*}{w}_1, \overset{*}{w}_2, \cdots, \overset{*}{w}_m, \cdots, \overset{*}{w}_M]$，其中 $\overset{*}{w}_m = [\overset{*}{w}_{m1}, \overset{*}{w}_{m2}, \cdots, \overset{*}{w}_{mrv}, \cdots, \overset{*}{w}_{mRV}]^T$，$1 \leqslant rv \leqslant RV$，$\overset{*}{W}$ 为优化后的权值矩阵，RV 为模型从 N 个训练样本中挑选的相关向量个数，由于模型稀疏性较高，则 $RV \ll N$；$\overset{*}{\Phi}[x^{(r)}] \in R^{1 \times RV}$ 表示第 r 组样本的基函数矩阵，由 $\overset{*}{\Phi} = K\{x^{(r)}, [x^{(*)}]_{rv=1}^{RV}\}$ 核函数矩阵组成，$K(\cdot)$ 为核函数，无须满足 Mercer 条件，$x^{(*)}$ 为选取的相关向量。

首先，假定权值矩阵 W 服从先验正态概率分布为

$$p(W \mid A) = \prod_{m=1}^{M} \prod_{n=1}^{N+1} N(w_{mn} \mid 0, \alpha_n^{-2}) \qquad (2.12)$$

式中：$A = \text{diag}(\alpha_1^{-2}, \alpha_2^{-2}, \cdots, \alpha_n^{-2}, \cdots, \alpha_N^{-2})$，$\alpha_n$ 为超参数，其取值决定了某输出向量是否可作为相关向量；w_{mn} 为权值矩阵元素。

其次，权值矩阵 W 的似然分布为

$$p(\{t^{(n)}\}_{n=1}^{N} \mid W, B) = \prod_{n=1}^{N} N(t^{(n)} \mid W\Phi, \beta) \qquad (2.13)$$

式中：$\beta = \text{diag}(\beta_1, \beta_2, \cdots, \beta_m, \cdots, \beta_M)$，$\beta_m$ 为第 m 个输出向量的噪声；Φ 为初始的核函数矩阵；若目标样本中第 m 个待重构成分的向量为 τ_m，其相应权值向量为 w_m，则权值矩阵 W 的似然分布为

$$p(\{t^{(r)}\}_{r=1}^{NR} \mid W, \beta) = \prod_{m=1}^{M} N(\tau_m \mid w_m \Phi, \beta_m) \qquad (2.14)$$

则权值矩阵 W 的先验分布可写为

$$p(W \mid A) = \prod_{m=1}^{M} N(w_m \mid 0, A) \qquad (2.15)$$

此时，W 的后验概率为独立的待重构成分，为服从高斯分布的权值向量内积为

$$p(W \mid \{t^{(r)}\}_{r=1}^{NR}, \beta, A) \propto \prod_{m=1}^{M} N(w_m \mid \mu_m, \Sigma_m) \qquad (2.16)$$

式中：$\mu_m = \beta_m^{-1} \sum_m \Phi^T \tau_m$ 为权值矩阵的均值向量；$\sum_m = (\beta_m^{-1} \Phi^T \Phi + A)^{-1}$ 为方差矩阵。

通过优化目标函数的最大边缘似然函数，计算得最优超参数矩阵为 $\overset{*}{A}$，噪声矩阵为 $\overset{*}{\beta}$，超参数的优化过程实际为 RVM 实现稀疏化的过程。随着计算次数的增加，多数超参数取值将趋于无穷大，其相应的权值趋于 0，意味着训练数据中绝大多数的输入向量将被剔除，仅保留较少数量的输入向量作为相关向量。

$$\overset{*}{A} = \mathrm{diag}(\alpha_1^{*-2}, \alpha_2^{*-2}, \cdots, \alpha_{rv}^{*-2}, \cdots, \alpha_{RV}^{*-2}) \tag{2.17}$$

$$\overset{*}{\beta} = \mathrm{diag}(\beta_1^*, \beta_2^*, \cdots, \beta_m^*, \cdots, \beta_M^*) \tag{2.18}$$

则优化后均值向量为 $\overset{*}{\mu}_m = \beta_m^{*-1} \sum_m \overset{*}{\Phi}^T \tau_m$，方差矩阵为 $\overset{*}{\sum}_m = \{\beta_m^{*-1} \overset{*}{\Phi}^T \overset{*}{\Phi} + \overset{*}{A}\}^{-1}$，权值矩阵为 $\overset{*}{W} = [\overset{*}{\mu}_1, \overset{*}{\mu}_2, \cdots, \overset{*}{\mu}_M]$。通过上述过程完成了 RVM 训练，对于待预测的任意 Nr 组输入向量 $x_* \in R^{Nr \times q}$，RVM 的预测结果为 $y_{RVM} \in R^{Nr \times M}$，误差向量为 σ_{RVM}。

$$y_{RVM} = \overset{*}{\Phi}[x_*]_{Nr \times RV} \overset{*}{W}_{RV \times m} \tag{2.19}$$

$$\sigma_{RVM} = \mathrm{sqrt}\{\overset{*}{\beta}^{-1} + \overset{*}{\Phi} \overset{*}{\sum} \overset{*}{\Phi}^T\} \tag{2.20}$$

当前，RVM 算法主要有三个研究方向[214]：①提高模型的训练速度，当 RVM 在求解大规模数据问题时，会面临模型复杂度较高、训练时间过长的问题，为此尝试采用优化似然函数估计、减少训练样本点个数等优化策略对 RVM 进行改进；②核函数的构造与改进，传统核函数无法兼具插值能力与泛化能力，通过构造核函数形式可提高 RVM 处理问题的能力；此外，还可以采用 GA 等智能优化算法确定最佳核函数参数组合，使 RVM 的表现更加适合当前问题；③模型的改造和优化，针对 RVM 初始假定存在的不足，如关于噪声点分布的假设存在缺陷等问题，开展噪声分布、模型框架、稀疏性控制以及与同其他理论交叉融合等方面的研究，以进一步提高 RVM 的鲁棒性。

2.3.2.3　MMRVM 基本原理

RVM 采用核函数的内积运算 $K(\cdot)$ 代替高维特征空间的复杂运算，以解决高维特征空间计算引起的"维数灾难"问题。核函数的形式决定了样本从低维空间映射到高维空间的方式，其与核函数参数均对机器学习的计算性能有较大影响[215]。目前，核函数形式较多，常用的核函数主要为两类[216,217]：①局部插值能力较强的局部核函数，如高斯核函数，如式（2.21）所示；②泛化能力较好的全局核函数，如多项式核函数，如式（2.22）所示。

$$K(x, x_i) = \exp(-\|x - x_i\|^2 / \delta^2) \tag{2.21}$$

$$K(x, x_i) = (\eta(x x_i) + r)^d \tag{2.22}$$

为进一步提高 RVM 模型计算能力，使核函数同时具有上述两类核函数的优点，本书在 RVM 的基础上，引入高斯多项式混合核函数以改造核函数形式，建立基于 HS‐MMRVM 的自适应反分析模型。

$$K(x,x_i)=g\times\exp(-\parallel x-x_i\parallel^2/\delta^2)+(1-g)\times(\eta(xx_i)+r)^d$$

$$(2.23)$$

式中：δ 为高斯核参数（带宽参数）；η、r、d 为多项式核参数；g 为组合核函数的待寻优参数。

因此，混合核函数共涉及五个参数：δ、η、r、d、g。其中，带宽参数 δ 的确定无明确的要求，但不宜过大或过小，过大会导致"过平滑"，过小会导致"过学习"，需要结合实际数据情况合理选取。

MMRVM 继承了 M‐RVM 的小样本、计算快速、复杂度低和多输出等优势，同时，MMRVM 采用混合核核函数，进一步提高了模型的拟合和泛化能力。对于堆石料反分析问题，堆石料宏观本构模型参数与堆石工程变形间存在着复杂的非线性关系，同时堆石工程在运行初期还存在着监测数据不足的小样本问题。因此，从算法适用性角度考虑，本书所建立的 MMRVM 十分适合于求解堆石料参数反分析问题。

2.3.3　堆石料宏观参数自适应反分析模型构建

2.3.3.1　目标函数

在算法原理的基础上，提出了基于 HS‐MMRVM 的材料参数自适应反分析模型，该模型对静力、流变等本构模型参数反分析问题均适用，其目标函数 $S_{\text{MO-EB}}$ 为

$$S_{\text{MO-EB}}(x_1,x_2,\cdots,x_M)=\min\left\{\frac{1}{Jq}\sum_{i=1}^{J}\sum_{j=1}^{q}(\text{MMRVM}_{ij}(x_1,x_2,\cdots,x_M)-\text{True}S_{ij})^2\right\}$$

$$(2.24)$$

式中：$x_1,x_2,\cdots x_M$ 为 M 个待反分析参数，此处为宏观本构模型参数；J 为实测监测数据的天数，对于 E‐B 本构模型 $J=1$，对于流变模型为实测日天数；q 为输出变量个数，即测点个数；$\text{True}S_{ij}$ 为第 i 日第 j 个测点的位移实测值。

2.3.3.2　模型自适应性

HS‐MMRVM 反分析模型具有自动适应不同工程、监测项目反分析工作的优点，从而避免传统算法需人为设定模型参数、对分析结果影响较大以及模型推广能力差等问题。HS‐MMRVM 自适应功能的实现主要通过：①HS 算法的五个参数取值较为常规，无须针对优化问题进行特别地研究、设定，为模型的自适应性奠定了基础；②MMRVM 核参数对计算结果有着重要影响，但其参数变化范围较为固定，可采用 HS 对混合核参数组合进行全局寻优，使其

自动达到最佳计算状态；③堆石料材料参数的变化范围同样较为固定，可采用
HS 对材料参数进行全局寻优。HS 参数取值和本书建立的混合核参数变化范
围见表 2.1。

表 2.1　　　　　　　　　　　　　　HS - MMRVM 参数

HS 参数取值		MMRVM 核参数变化范围	
参　数	取　值	参　数	范　围
HMS	25	δ	[0.1, 100]
HMCR	0.9	η	[0.01, 10]
PAR	0.1	r	[1, 10]
b_w	0.01	d	[1, 3]
T_{max}	10000	g	[0, 1]

2.3.3.3　自适应模型构造

基于 HS - MMRVM 的材料参数反分析模型总体设计构成分为两部分：采
用 HS 算法优化 MMRVM 核函数完成训练，使其拟合精度、预测精度达到代
替有限元计算的要求；以结构实测数据为基础，采用 HS 算法对待标定的堆石
料参数进行全局寻优，完成反分析任务，其计算流程如图 2.6 所示。

基于 HS - MMRVM 的堆石料宏观参数自适应反分析模型主要步骤如下：

（1）对本构模型参数进行敏感性分析，将敏感程度较高的参数作为待反分
析参数，并确定其取值范围，敏感程度较低的参数采用试验值。

（2）在参数取值范围内，采用 LHS 构建多组堆石料宏观本构模型参数组
合，随后采用有限元计算每一组参数组合对应的大坝测点沉降值。

（3）将材料参数组合作为输入变量，相应沉降计算值作为输出变量，训练
MMRVM。训练过程中，采用 HS 优化确定核参数，使 MMRVM 达到能够代
替有限元计算的精度。为充分挖掘样本信息，训练过程中采用交叉验证法，将
样本轮流分为训练、测试样本。

（4）将 LHS 构建的筑坝材料参数组合作为初始的和声记忆库，并将其
MMRVM 沉降计算值与实测沉降值的 MAE 作为适应度，完成 HS 初始化。

（5）HS 在搜索材料参数过程中会构造新的材料参数组合，其沉降值采用
训练完毕的 MMRVM 进行计算，并以此计算该材料参数组合的适应度。若新
本构模型参数组合的适应度优于和声记忆库中已有适应度的最差值，则替换相
应的本构模型参数组合和适应度，完成和声记忆库更新，否则直接进入下
一步。

（6）判断 HS 是否达到最大迭代次数，若无则重复步骤（5），否则输出最
优参数组合及其适应度，即为坝体材料参数的反分析结果。

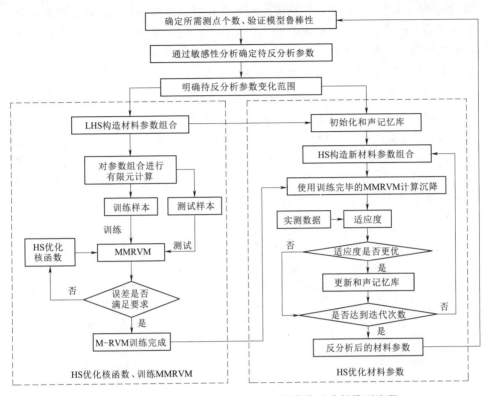

图 2.6 基于 HS-MMRVM 的堆石料参数反分析模型流程

在 HS 初始化核参数和材料参数的和声库时，初始样本的质量直接关系到 HS 的搜索速度与搜索质量。为使样本分布更加均匀，提高样本质量，本节采用 LHS 初始化和声记忆库。此外，堆石坝由多种堆石料组成，每一种堆石料的 E-B 本构模型均由需九个参数值确定，若计算中考虑全部大坝分区的堆石料及其本构模型参数，则反分析计算耗时过长且并无必要。为此，在反分析前通常对本构模型参数进行敏感性分析，有助于明确对计算结果影响较大的本构模型参数，从而达到简化反分析问题、节约计算时间的目的。

由于堆石料不存在孔隙水压力消散问题，在大坝建成蓄水、全部荷载施加完成后，若不考虑堆石料的流变性，则坝体变形应不再随时间发展[218]。因此，通常认为堆石坝建成蓄水完成时的沉降主要由堆石料的瞬时变形引起，而后续运行期间的沉降主要由堆石料的流变变形引起。据此，堆石料宏观本构模型参数的反分析任务可分为两个阶段，利用蓄水完成时的结构沉降观测数据反分析 E-B 本构模型参数，由运行期间的结构沉降观测数据反分析堆石料的流变模型参数。

为提高模型计算速度、降低数据维度，寻找监测测点个数与模型计算精度间的关系，以达到在保证计算精度的前提下，尽可能减少反分析计算中测点数量的目的。此外，通过在监测数据中人工加入不同强度的白噪声，观测模型计算精度受噪声的影响程度，以测试反分析模型的鲁棒性。

2.3.4　堆石料宏观参数自适应反分析模型应用实例

本书以公伯峡堆石坝为例，反分析堆石料的 E-B 本构模型、流变模型参数。公伯峡水电站是黄河上游的第四个大型梯级水电站，大（1）型工程，正常蓄水位 2005.00m，校核洪水位 2008.00m，总库容 6.2 亿 m³。坝顶高程 2010.00m，最大坝高 139.00m，坝顶长 424.00m，坝顶宽 10m。本书将根据布设于坝体中部的电磁式沉降仪测线 ES2 的实测数据反分析堆石料参数，测线位于坝左 0+130.00 断面，共计 24 个测点，如图 2.7 所示。

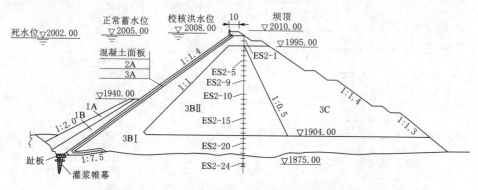

图 2.7　公伯峡坝左 0+130.00 剖面材料分区及测点分布

公伯峡有限元建模对象包括堆石坝坝体、坝基覆盖层。由于覆盖层下方为基岩，认为其变形较小，设定为固定边界，有限元模型如图 2.8 所示。公伯峡有限元模型采用空间 8 节点等参单元，共计 2928 个单元 4527 个节点。模型考虑了坝体分期填筑、分期蓄水等环节，上游水压力作为面力施加在面板和上游地基表面；有限元模型底部施加固定约束，两侧施加相应法向约束；公伯峡面板堆石坝于 2002 年 8 月 8 日开始全断面填筑，于 2003 年 10 月 22 日填筑至坝顶，2004 年 8 月 8 日开始蓄水，随后运行期水位基本保持在 2001.00～2005.00m。

图 2.8　公伯峡有限元模型

公伯峡大坝堆石料的反分析任务流程如下：①确定参与计算的测点数量，并验证模型鲁棒性；②依据初次蓄水完成时的结构实测沉降反分析 E－B 本构模型参数；③以运行期若干监测日的结构实测沉降反分析流变模型参数；④利用反分析确定的材料参数建立沉降预测置信区间，以指导大坝安全监控工作。

2.3.4.1　反分析模型评估

为评估反分析模型的鲁棒性，并减小训练数据维度，在假定的坝体材料参数上，根据 HS－MMRVM 计算值与假定值的误差，分析反分析模型计算结果的稳定性，并据此确定反分析模型所需测点数量和可接受的噪声影响程度。

众多学者分析了 E－B 本构模型参数的敏感性，本书根据 Zheng 等[48]采用 Morris 法的敏感性分析结论：E－B 本构模型参数 K_i、φ_0、K_b 对坝体沉降计算值影响较大，以保证基于结构监测数据反分析堆石料宏观本构模型参数问题的适应性。因此，本书将反分析对坝体沉降影响较大的 3BⅡ区、3C 区的 K_i、φ_0、K_b 参数，其余分区、本构模型参数均采用试验值，各分区的堆石料 E－B 本构模型参数试验值见表 2.2。现假定公伯峡大坝待反分析的 E－B 本构模型参数值为：3BⅡ区 $K_i=950$、$\varphi_0=53.6$、$K_b=800$，3C 区为 $K_i=850$、$\varphi_0=49.6$、$K_b=285$，采用有限元计算假定值的测点沉降值。在反分析计算中据此评价反分析结果，以确定测点个数、信噪比对 HS－MMRVM 计算能力的影响。

表 2.2　　　　各分区的堆石料 E－B 本构模型参数室内试验测定值

材料	2A	3A	3BⅠ	3BⅡ	3C
密度/(g/cm³)	2.15	2.13	2.48	2.24	2.11
c/kPa	0	0	0	0	0
φ_0/(°)	49.4	50.4	54.9	53.6	49.6
$\Delta\phi$/(°)	8.7	9.3	8.2	6.0	9.4
K_i	1050	1090	950	950	850
R_f	0.826	0.891	0.893	0.842	0.810
n	0.36	0.34	0.65	0.31	0.47
K_b	1300	830	550	800	285
m	−0.164	0.047	0.17	0.03	0.13
K_{ur}	2100	2200	1800	3000	550

为减小数据维度，从坝顶部位依次减少参与计算的监测测点个数，得监测测点个数与模型计算结果的 MAE 关系如图 2.9（a）所示，由图可知：在测点个数减少的初期，HS－MMRVM 计算精度能保持稳定；当测点个数减少至 16 个以下时，模型计算精度出现明显波动；当测点个数减少至 8 个以下时，模型

计算误差不断增大。因此，综合分析确定：在以下分析计算中将采用 ES2 测线的下部至中上部测点数据进行计算，共计 18 个测点，较总测点数目减少了 25%，达到了保证计算精度的同时减少数据维度的目的。

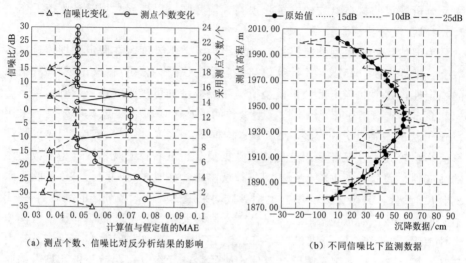

（a）测点个数、信噪比对反分析结果的影响　　　（b）不同信噪比下监测数据

图 2.9　堆石料宏观参数自适应反分析模型评估

为验证模型鲁棒性，在原始结构监测数据中分别加入 15dB、－10dB 和 －25dB 的白噪声，其数据变化如图 2.9（b）所示，由图可知：当信噪比为 15dB 时，由白噪声引起的监测数据的改变微小；信噪比为－25dB 时，由白噪声引起的监测数据的改变较大，已达到甚至超出了实际监测工作中可能出现的噪声水平。通过调整结构监测数据的信噪比，使白噪声信噪比由 30dB 增加至 －35dB，得到信噪比与模型计算结果的 MAE 关系如图 2.9（a）所示。由图 2.9（a）可知：随着信噪比的增大，HS－MMRVM 计算精度虽有微小波动，但始终保持着较高的计算精度。因此，HS－MMRVM 具有较强的鲁棒性，能够较好地避免监测数据误差对模型计算精度的影响。

2.3.4.2　E－B 模型参数反分析

通过 LHS 在该范围内构建 40 组材料参数组合，利用有限元计算相应的 ES2 测线沉降值；将 40 组材料参数组合作为输入数据，相应的 ES2 测线沉降值作为输出数据，采用 HS 搜索确定 MMRVM 核参数，使其性能达到最佳状态；最后，以沉降计算值与实测值误差最小为目标，发挥 MMRVM 快速计算沉降的能力，采用 HS 全局搜索坝体材料参数。

计算得此时 MMRVM 的最佳混合核核参数组合为：$\delta = 3.7894$、$\eta = 0.2996$、$r = 1.9699$、$d = 1.1451$、$g = 0.7125$。MMRVM 与有限元计算值的 MAE 仅为 0.0186，表明 MMRVM 对训练数据的拟合程度非常高，完全能够

代替有限元实现大坝沉降计算。反分析确定的 3BⅡ区、3C 区堆石料本构模型参数值见表 2.3，对比得到多数参数的反分析值较试验值有明显提高，仅有 3C 区的 K 值有所降低。

表 2.3　　　　待反分析的 E−B 本构模型参数取值范围及标定结果

材料	3BⅡ				3C			
	变化范围	试验值	反分析值	变化率 /%	变化范围	试验值	反分析值	变化率 /%
K_i	[800, 1800]	950	1789.91	88.41	[600, 1200]	850	728.23	−14.33
$\varphi_0/(°)$	[45, 60]	53.6	56.0	4.48	[45, 60]	49.6	57.17	15.26
K_b	[500, 1500]	800	1163.99	45.50	[200, 1000]	285	499.39	75.22

为验证反分析模型的计算效果，采用有限元正算堆石料的 E−B 本构模型参数反分析值，得坝体填筑完成时、蓄水完成时断面最大沉降分别为 45.73cm（0.329%H）、46.12cm（0.332%H），蓄水完成时坝体最大断面累计沉降如图 2.10 所示；坝体的最大沉降区位于坝体中部；由于 3C 区堆石质量标准略低于 3BⅡ区，坝体的竖向沉降等值线略向下游偏斜。上述计算结果表明：正算的坝体整体变形规律符合常规认识，反分析确定的 E−B 本构模型参数基本正确。

图 2.10　蓄水完成时坝体最大断面累计沉降（单位：m）

通过有限元正算堆石料 E−B 本构模型参数反分析值，得 ES2 测线的实测沉降值、模拟值（采用室内试验结果的有限元计算值）、正算值（采用反分析参数的有限元计算值）与 MMRVM 计算值对比如图 2.11 所示。由图 2.11 可知：①模拟值与实测沉降值有着明显差距，尤其在坝体中部，实测沉降值小于计算值；②MMRVM 与正算值十分接近，证明采用 MMRVM 代替有限元计算坝体沉降是可行的；③MMRVM 计算值与实测沉降值在坝体中部、中上部吻合度较高，在坝体下部的部分测点略有误差，但模型整体表现良好，较好地反映了坝体的实际变形情况；④采用反分析参数值的有限元正算值，其与实测沉降值的 MAE 为 0.943，证明采用 HS−MMRVM 反分析确定堆石料的 E−B 本构模型参数是可行的。

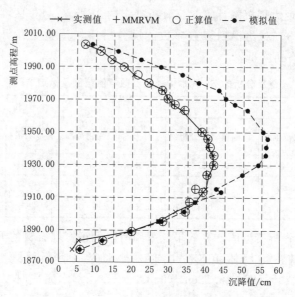

图 2.11　蓄水完成时 ES2 测线的实测沉降值与多种计算值对比

为检验 MMRVM 算法优势，本书同时采用了混合核支持向量机、多输出相关向量机（高斯核）、多输出相关向量机（多项式核）和 MMRVM 进行反分析计算，多种反分析模型误差见表 2.4：①不同核的多输出相关向量机误差均低于混合核支持向量机，证明 RVM 相较于 SVM 具有更高的计算精度；②相较其他算法，MMRVM 精度明显提高，证明混合核核函数起到了提高计算精度的作用。本书分别采用 HS 与 GA 搜索最优材料参数组合，其收敛速度如图 2.12 所示：相比于 GA，HS 迭代收敛速度更快，计算精度更高。因此，本节所建立的 HS-MMRVM 自适应反分析模型在计算精度、速度方面优势明显。

表 2.4　多种反分析模型误差

MAE 误差	混合核支持向量机	多输出相关向量机（高斯核）	多输出相关向量机（多项式核）	MMRVM
拟合误差	0.0311	0.0253	0.0243	0.0186
预测误差	1.2726	0.9561	0.9481	0.9922
有限元正算的计算误差	1.2060	1.0307	1.1740	0.9430

2.3.4.3　流变模型参数反分析及沉降预测

在确定 E-B 本构模型参数的基础上，选择 2004 年 9 月 1 日至 2006 年 12 月 30 日内 15d 的实测数据作为目标，反分析确定堆石坝 3BⅡ区、3C 区的贝克尔流变模型参数，其余分区的筑坝材料室内试验值见表 2.5，待反分析的流

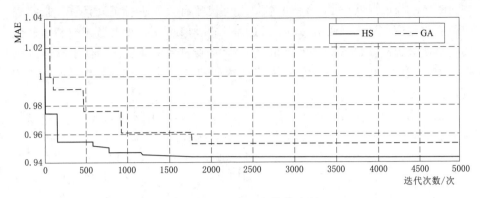

图 2.12   HS 与 GA 收敛速度

变参数取值范围见表 2.6。

表 2.5   筑坝材料流变模型参数室内试验测定值

分 区	贝克尔流变模型			广义开尔文流变模型			
	E_K/Pa	η_K/(Pa·s)	η_M/(Pa·s)	E_1/Pa	η_1/(Pa·s)	E_2/Pa	η_2/(Pa·s)
垫层区	1.5e10	4.0509e12	1.0648e15	—	—	—	—
过渡区	1.3e10	3.7037e12	1.0417e15	—	—	—	—
主堆石Ⅰ区	9e9	3.2407e12	1.0185e15	—	—	—	—
面板	—	—	—	8.6e10	2.89e12	8.6e10	1.39e13
趾板	—	—	—	8.6e10	2.89e12	8.6e10	1.39e13

表 2.6   待反分析的贝克尔流变模型参数变化范围

材 料	3BⅡ				3C			
	参数范围	试验值	反分析值	变化率/%	参数范围	试验值	反分析值	变化率/%
E_K/Pa	[1e8, 1e9]	5e8	8.81e8	76.20	[1e8, 1e9]	5e8	3.75e8	−25.00
η_K/(Pa·d)	[1e11, 1e12]	5e11	8.43e11	68.60	[1e11, 1e12]	5e11	2.06e11	−58.80
η_M/(Pa·d)	[1e13, 1e14]	5e13	8.75e13	75.00	[1e13, 1e14]	5e13	4.61e13	−7.80

　　首先采用 LHS 构建 50 组堆石料流变参数组合；后计算各流变参数组合的 ES2 测线沉降值；将流变参数组合作为输入数据，相应沉降值作为输出数据，分别建立 15 个监测日的 MMRVM，并采用 HS 搜索确定 MMRVM 核参数，使其性能达到最佳状态；最后，以 15 个监测日的沉降计算值与实测值总误差最小为目标，采用 HS 全局搜索反分析流变参数值，搜索过程中充分发挥 MMRVM 的快速计算能力。

　　经计算得 15 个 MMRVM 与有限元计算值的 MAE 均在 0.02 以下，

MMRVM 对训练数据的拟合精度较高，可代替有限元进行沉降计算。最终确定贝克尔流变模型参数见表 2.6。通过对比得：3BⅡ区流变参数反分析值较试验值有明显提高，最低提高率为 68.60%，因此其实际流变变形低于预期；3C区流变参数反分析值较试验值有所降低，最高降低率为 58.8%，其实际流变变形高于预期。

根据流变模型反分析值，采用有限元进行正算得 ES2 测线在 15 个监测日沉降值。本书展示了位于坝顶 1994.398m 高程的 ES2-3 测点、坝中部1941.047m 高程的 ES2-13 测点、底部 1889.425m 高程的 ES2-22 测点，这些测点的有限元计算值、实测值对比如图 2.13 中的流变反分析阶段所示，其中 ES2-3 因上述研究中测点数量缩减而无 MMRVM 计算值。由图 2.13 可知：①MMRVM 与采用反分析结果的有限元计算值比较接近，表明 MMRVM计算精度较高，实现了代替有限元计算堆石料流变的目的；②MMRVM 流变

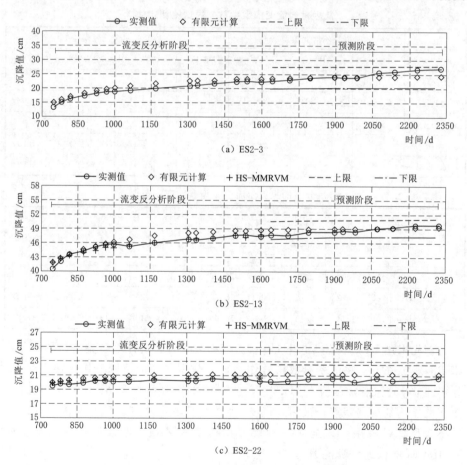

图 2.13　三个测点有限元、MMRVM 计算沉降与观测沉降对比

计算值与实测沉降值吻合度较高，较好地反映了坝体的实际流变变形情况；③有限元正算值与实测沉降值的 MAE 均在 0.4 以内，因此模型的反分析计算结果较为合理，采用 HS－MMRVM 反分析流变模型参数是可行的。

通过上述反分析计算，证明 HS－MMRVM 自适应模型的坝体沉降计算值十分接近结构实测数据，其堆石料 E－B 本构模型、流变模型参数的反分析计算精度较高。在上述计算成果基础上，对公伯峡 2007 年 2 月 12 日至 2008 年 12 月 29 日内的 10d 沉降变形进行预测，验证其为大坝提供预报预警的可行性。本次假定有限元计算值与实测值的误差服从正态分布，计算各测点方差并建立了发生概率为 99.74％的置信区间，其中 ES2－3、ES2－13、ES2－22 测点的有限元计算值、实测值与置信区间如图 2.13 所示预测阶段。由图 2.13 可知：有限元计算值与实测数据十分接近，并且实测数据全部位于置信区间内，表明基于反分析后的参数进行坝体沉降监控的预报预警是可行且可靠的。因此，HS－MMRVM 自适应反分析模型可用于实际工程坝体沉降监控中，为大坝监控、水库运行管理等工作提供依据。

针对堆石料试验参数难以准确反映其实际力学特性的问题，本书建立了基于 HS－MMRVM 的材料参数自适应反分析模型，取得了良好的效果。由于模型具有自适应性，无须人为设定，从而避免了传统算法计算结果受参数影响较大的弊端，可广泛应用于各领域工程与反分析项目中。主要结论如下：

（1）模型在机器学习算法 RVM 的基础上，构建了混合核核函数，建立了拟合精度更高的 MMRVM，从而代替了时间成本较高的有限元计算。

（2）模型利用 HS 参数较为固定、搜索速度快，精度高等特点，先后用于 MMRVM、坝体材料的参数优化搜索中，实现了反分析模型的自适应性。

（3）通过分析测点个数与模型计算精度的关系，在保证精度的同时缩减了 25％的测点数目；通过分析计算精度与噪声的关系，证明 HS－MMRVM 具有较强的鲁棒性。

（4）通过多角度对比，证明模型在坝体静力参数、流变参数反分析中均保持着较高的精度。在此基础上，建立了沉降预测置信区间，能够对坝体沉降进行预警预报，为大坝安全监控提供指导。

2.4　堆石料宏观本构模型参数不确定性反分析

由于堆石工程在设计、施工、建设中存在诸多不确定性因素，造成结构沉降变形控制难的问题，对此构建了 RVM 与随机有限元相结合的综合分析方法，对堆石料宏观本构模型参数的变异系数进行不确定性分析。首先，采用基于 Cholesky 离散方法的蒙特卡洛随机有限元方法，实现考虑堆石料力学参数变异性的随机有限元计算，从而构造出 RVM 的学习样本；随后，通过 RVM 建立反分析模型中输入输出间的不确定性关系，有效地模拟材料参数与坝体沉降间的复杂非线性关系，使其能够代替随机有限元进行计算；最后，结合大坝实测沉降数据，利用 GA 搜索确定筑坝材料的变异系数。通过公伯峡堆石坝的应用实例表明：所建立的不确定性反分析模型综合考虑了数值计算以及输入输出间的不确定性，可快速、精确地确定堆石料本构模型参数的变异系数，具有良好的工程应用前景和推广价值。

受勘察精度、试验条件、计算理论、施工条件等因素的影响，在水库大坝的勘测、设计、施工、监测等阶段中存在着大量的随机性、模糊性因素，但受现有理论体系和计算能力的限制，工程中未能全面、准确地考虑这些不确定性因素。随着我国水利水电工程开发程度的不断深入，一大批高坝大库相继进入建设期、运行期，受上述不确定性因素影响，工程中出现了理论分析与工程实际吻合不理想等新问题。与此同时，随着人工智能与模拟仿真技术的迅速发展，机器学习、随机有限元等工具为衡量工程中的各种不确定性问题提供了新思路、新手段。

RVM 具有解决小样本、非线性、高维数等问题的优势，可用于描述拟合模型中输入输出间的不确定性。同时，不断提高的计算机计算能力为随机有限元的实现奠定了良好的基础，因此可利用随机有限元考虑数值计算中存在的不确定性。通过采用 RVM 代替耗时较长的随机有限元计算，建立输入输出间的不确定性关系，从而实现堆石料本构模型参数的不确定性反分析。

2.4.1　蒙特卡洛随机有限元基本原理

基于 RVM 与随机有限元的不确定性反分析模型，能够充分发挥机器学习算法在拟合模型输入输出关系，以及随机有限元在考虑结构自身不确定性等方面的优势。为实现上述目标，在所建立的不确定反分析模型中，机器学习算法采用优势明显的 RVM，蒙特卡洛随机有限元将采用成熟的 Cholesky 随机场进行模拟。

在大坝的数值仿真计算中，若材料参数采用唯一、确定的力学参数进行计算，势必与工程实际情况存在一定差距，而随机有限元通过考虑堆石料力学参数的不确定性，能够使数值仿真结果更加接近工程实际情况。其中，随机有限元将蒙特卡洛模拟技术与有限元法相结合，通过构建一定数量的堆石料本构模型参数样本组，并对样本组的计算结果进行统计分析，实现对结构的可靠度分析。在随机有限元中，选取恰当的随机场理论以确定单元网格的材料参数是实现随机有限元的关键步骤。本书采用基于 Cholesky 分解的随机场离散方法，其能够较好地处理模型内任意点及其附近点的参数相关性，避免相邻区域内材料参数出现较大幅度的跳跃，更符合工程实际情况。

随机场需将材料参数离散至一套网格体系中，该网格体系可与物理模型网格不同[219]。设随机场内第 i、j 个单元的坐标为（xc_i，yc_i）、（xc_j，yc_j），其中 $i,j=1,2,\cdots n_e$，n_e 为随机场单元总数。通过自相关函数 ρ_{ij} 可描述堆石料任意两个单元的同一参数相关性，假设其服从高斯型分布为

$$\rho_{ij}=\exp\left[-\pi(\tau_x^2/\delta_h^2+\tau_y^2/\delta_v^2)\right] \tag{2.25}$$

式中：$\tau_x=|xc_i-xc_j|$ 为不同单元在水平方向的相对距离；$\tau_y=|yc_i-yc_j|$ 为不同单元在垂直方向上的相对距离；δ_h、δ_v 分别为参数在水平、垂直方向上的波动范围，需根据地质统计或工程经验确定。

对相关标准高斯随机场样本 $H_i^D(xc,yc)$ 取指数，以保证所得堆石料的本构模型参数为正值，最终确定材料参数的相关对数正态随机场 $H_i(xc,yc)$ 为

$$H_i(xc,yc)=\exp\left[\mu_{\ln}+\sigma_{\ln}H_i^D(xc,yc)\right] \tag{2.26}$$

式中：$\mu_{\ln}=\ln\mu-\sigma_{\ln}^2/2$，$\sigma_{\ln}=\sqrt{\ln[1+(\sigma/\mu)^2]}$，$\mu$、$\sigma$ 分别为高斯随机场的均值、方差。

2.4.2　基于 RVM 和随机有限元的不确定性反分析模型构建

2.4.2.1　模型目标函数

基于 RVM 与随机有限元的堆石料参数不确定性反分析模型的目标函数 $S_{\text{MO-EB-UN}}$ 为

$$S_{\text{MO-EB-UN}}(x_1,x_2,\cdots,x_M)=\min\left\{\frac{1}{Jq}\sum_{i=1}^{J}\sum_{j=1}^{q}\left[\text{RVM}_{ij}(x_1,x_2,\cdots,x_M)-\text{TrueS}_{ij}\right]^2\right\} \tag{2.27}$$

式中：$x_1,x_2,\cdots,x_M$ 仍为 M 个待反分析参数，此处为宏观本构模型参数的变异系数；J 仍为实测监测数据的天数；q 仍为输入变量个数，即测点个数；TrueS_{ij} 仍为第 i 日第 j 个测点的位移实测值。

2.4.2.2　不确定性反分析模型的构造

虽然堆石料在施工过程有压实遍数、压实机械参数、含水率、相对密实度等质量控制标准，但由于筑坝材料在天然属性与级配组成、土工试验、施工过程等方面存在的随机性，使堆石料的真实力学参数必然存在一定的变异性、不确定性：

（1）土工试验。土工试验现场取样需综合考虑取样的可行性、难易、时间、成本等各因素最终确定取样的位置、数量，虽然所取试验已具备较强的代表性，但仍难以完全、准确地反映全部筑坝材料的力学特性。同时，当前坝体堆石料变形特性参数主要采用室内缩尺材料的试验结果，存在明显的缩尺效应，这种尺寸效应是导致大坝变形预测不准的主要原因之一[8]。此外，当前土工试验设备仍未能完全实现三轴方向的独立加载，这也对准确获取土工试验数

据造成一定影响。

（2）坝体沉降计算。堆石料本构模型的构建对坝体沉降计算结果有着重要的影响，但目前尚未有公认的堆石料本构模型，多采用土体的 E - B 本构模型。此外，受计算机计算能力的限制，仿真模型多对实际工程情况进行一定的简化处理，未能细致、准确、全面、精细化地模拟结构情况。

（3）施工建设。受施工环境、施工条件、施工技术、施工人员主观能力的影响，坝体实际填筑情况难以完全与设计相符。

（4）运行管理。水库的管理水平、调度模式、高水位运行时间均可造成不同的坝体变形情况。同时，运行管理人员能否及时发现、合理处理坝体缺陷，也对大坝的运行状态有着重要影响。

综合上述分析可知，堆石坝的沉降受到诸多不确定性因素的影响，本节采用的不确定反分析方法可同时考虑数值仿真计算以及输入输出间的不确定性，能够有效的分析堆石料本构模型参数的变异性。

基于 RVM 与随机有限元的堆石料材料参数不确定性反分析模型计算流程如图 2.14 所示。

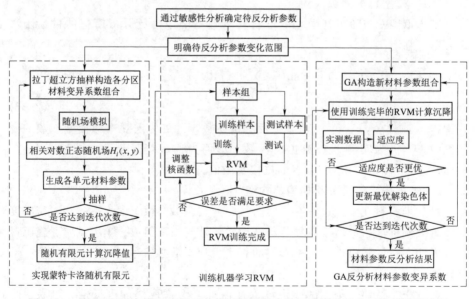

图 2.14   基于 RVM 与随机有限元的堆石料材料参数不确定性反分析模型计算流程

（1）对本构模型参数进行敏感性分析，将敏感程度较高的参数作为待反分析参数。假设待反分析参数的变化服从高斯分布，将土工试验获得的材料参数值作为其均值，将其变异系数作为待反分析变量，并确定变异系数的取值范围。对于敏感程度较低的参数，其取值设为定值，直接采用土工试验参数值。

（2）在变异系数的取值范围内，采用 LHS 构建多组材料参数的变异系数组合，随后采用随机有限元计算相应参数组合下的测点沉降值。对于任意一组变异系数组合，由于随机有限元的抽样存在随机性，因此对其进行 50 次抽样计算，并取其平均值作为该组变异系数下的测点沉降值，由此完成基于蒙特卡洛模拟的随机有限元计算。

（3）将材料参数的变异系数组合作为训练样本的输入变量，相应的沉降计算值作为训练样本的输出变量，对 RVM 进行训练。训练过程中，通过调整核参数使 RVM 达到能够代替随机有限元计算大坝沉降的精度。为充分挖掘样本信息，采用交叉验证法将样本轮流分为训练样本、测试样本。

（4）GA 在搜索材料变异系数过程中会构造新的变异系数组合，其沉降值采用训练完毕的 RVM 计算。同时，计算该变异系数组合的适应度，若适应度优于当前最优适应度，则更新变异系数组合和适应度，完成最优染色体更新，否则直接进入步骤（5）。

（5）判断 GA 是否达到最大迭代次数，若无则重复步骤（4），否则输出当前最优变异系数组合及其适应度，即为堆石料变异系数的反分析结果。此外，迭代终止条件还可通过判断误差是否满足要求的形式实现。

由于堆石坝分区较多，且每一种堆石料的本构模型参数众多，若反分析计算中考虑全部材料分区的全部材料参数，则反分析计算耗时过长且并无必要。为此，在计算前对本构模型参数进行敏感性分析，选定对计算结果影响明显的材料参数，以节约计算时间。在采用随机场对变量进行离散时，由于各分区各参数的随机场参数取值不同，则模拟需独立进行。对于坝体同一分区，因其材料特性差别较小，分区的水平和垂直波动范围可取为该分区的几何尺寸。

2.4.3　不确定性反分析模型应用实例

本节仍采用公伯峡面板堆石坝相关数据与模型，反分析堆石料的不确定性参数。公伯峡水电站基本情况简介见 2.3.4 节，可知主堆石 3BⅡ区和次堆石 3C 区对坝体沉降影响较大。此外，根据 Zheng 等[48] 利用 Morris 法的敏感性分析结论，E-B 本构模型参数中初始切线模量的截距 K_i、内摩擦角 φ_0、切线体积模量的截距 K_b 对坝体沉降影响较大。对于多数堆石坝工程，其实测大坝沉降值往往超出采用室内试验参数的模拟值，但对于公伯峡大坝较为特殊，其实测沉降值小于模拟值。为验证不确定模拟模型的可行性与推广性，在本次反分析中将公伯峡大坝实测沉降值放大 1.67 倍，以反映绝大多数堆石坝沉降大于预测值的特征。因此，本节不确定反分析模型将采用 ES2-1～ES2-20 的 20 个测点，对 3BⅡ、3C 区的 K_i、φ_0、K_b 参数的变异系数进行反分析。

2.4.3.1　随机有限元计算结果分析

在随机有限元计算中，基于 Cholesky 分解的随机场离散计算通过编写代码程序实现，随后将单元材料力学参数传入有限元软件中。通过上节反分析模型搭建步骤，可实现堆石坝的随机有限元计算，得出相应变异系数组合下的 ES2 测线沉降值，从而为机器学习提供学习样本。

当各分区堆石料本构模型参数的变异系数均取为 0.3 时，50 次随机有限元计算所得的坝体沉降平均值以及其中具有代表性的 8 次沉降计算值如图 2.15（a）所示：每次抽样计算结果均表现出一定的随机性，其中多数计算结果较为集中且偏小，部分次计算结果偏大。随机生成过程中已保证 50 次计算所采用材料参数分布"均匀"，部分次随机有限元计算结果偏大充分说明：堆石料本构模型参数与坝体沉降间为非线性关系，无法通过简单的材料参数取值变化情况推算出沉降值的变化。

若各分区各材料参数的变异系数取为同一值，材料参数为定值以及材料变异系数由 0.1～0.6 时的坝体沉降值如图 2.15（b）所示，由图可知：①当堆石料本构模型参数的随机性被考虑时，坝体沉降计算值明显大于材料参数为定值时的沉降计算值，表明在坝工设计中考虑材料参数的随机性十分有必要；②任一变异系数组的抽样计算虽表现出一定的随机性，但 50 次抽样计算平均后的大坝沉降平均值表现出良好的规律性：随着堆石料本构模型参数变异系数的增大，坝体沉降计算值逐步增大；③当变异系数由 0 增加到 0.3 时，坝体最大沉降增加了 0.135m；当变异系数由 0.3 增加到 0.6 时，坝体最大沉降增加了 1.113m，表明随着材料变异系数的增大，坝体沉降的变化幅度也逐步增大；④随着变异系数的改变，坝体中部的沉降变化最为明显，坝顶和坝底两端的沉降变化较小。

2.4.3.2　不确定模型反分析结果分析

通过上述分析可知，堆石坝建成蓄水完成时的沉降主要由堆石料的瞬时变形引起，可利用蓄水完成时的沉降观测数据反分析堆石料 E-B 本构模型参数的变异系数。

待反分析的 E-B 本构模型参数变异系数的变化范围与计算结果见表 2.7。通过 LHS 构建 40 组变异系数组合，利用随机有限元计算相应的 ES2 测线沉降值；将 40 组堆石料变异系数组合作为输入数据，相应的 ES2 测线沉降值作为输出数据，通过调整 RVM 核参数，使训练后的 RVM 性能达到最佳状态；最后，以沉降计算值与结构沉降实测值间的误差最小为目标，发挥 RVM 快速计算沉降的能力，采用 GA 全局搜索变异系数，从而完成堆石料本构模型参数的不确定性反分析。

表 2.7　　　　　待反分析变异系数变化范围与计算结果

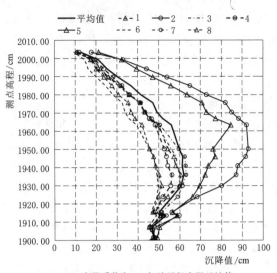

（a）变异系数为0.3时8次随机有限元计算

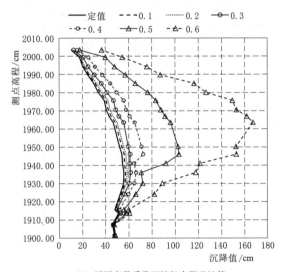

（b）不同变异系数下随机有限元计算

图 2.15　考虑不确定性的坝体沉降计算值

材　　料		K_i	$\varphi_0/(°)$	K_b	波动范围/m
3BⅡ	变异系数范围	[0.01, 0.5]	[0.01, 0.5]	[0.01, 0.5]	$\delta_v = 122.5$
	变异系数反分析值	0.213	0.242	0.117	$\delta_h = 387.7$
3C	变异系数范围	[0.01, 0.5]	[0.01, 0.5]	[0.01, 0.5]	$\delta_v = 91.0$
	变异系数反分析值	0.345	0.276	0.331	$\delta_h = 149.5$

RVM 采用最常用的高斯核函数，最终其带宽参数为 $\delta = 2.2484$。RVM 与

随机有限元生成的训练样本间的 MAE 仅为 0.127,拟合误差较小,表明 RVM 对训练数据的拟合精度较高,完全能够代替随机有限元实现沉降计算。随后,采用 GA 反分析确定 3BⅡ区、3C 区的材料参数变异系数,计算结果见表 2.7。由结果可知:次堆石区的变异系数略大于主堆石区,这与次堆石区的堆石质量控制略低于主堆石区的客观情况相符。

在上述不确定性反分析结果的基础上,通过随机有限元正算坝体沉降,得坝体填筑完成时、蓄水完成时断面最大沉降分别为 76.43cm(0.550%H)、76.85cm(0.553%H),蓄水完成时的坝体最大断面累计沉降如图 2.16 所示:①考虑不确定性的大坝沉降等值线图总体变化规律与常规认识相同,坝体的最大沉降区位于坝体中部;②由于 3C 区堆石质量标准略低于 3BⅡ区,坝体的竖向沉降略向下游偏斜;③与图 2.10 的确定性反分析相比,不确定性反分析后的大坝沉降明显增大,且等值线更加粗糙、存在较明显的波动,表明基于随机有限元的大坝沉降计算较好地展现了坝体内部沉降的不确定性、随机性,更接近大坝坝体内部的真实情况。

图 2.16 考虑不确定性的蓄水完成时最大断面
累计沉降等值线图(单位:m)

通过随机有限元正算堆石料本构模型参数的变异系数反分析值,得随机有限元正算值,其与 ES2 测线放大后沉降值、模拟值(采用室内试验结果的常规有限元计算)、RVM 对比如图 2.17 所示:①采用确定的材料参数试验值计算坝体沉降未能全面、合理地反映工程实际情况;②RVM 与随机有限元计算值误差较小,证明采用 RVM 代替随机有限元计算坝体沉降是可行的;③RVM计算值与放大后沉降值的 MAE 为 1.984,两者在坝体中部、中上部吻合度较高,在坝体下部部分测点略有误差,但模型整体表现良好,较好地反映了坝体的实际变形情况;④反分析结果的随机有限元正算值与放大后沉降值的 MAE 为 1.930,误差较小,证明采用 RVM 与随机有限元反分析确定堆石料 E-B本构模型参数的变异系数是可行的。

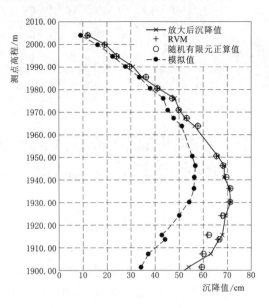

图 2.17　考虑不确定性的蓄水完成时
ES2 测线的多种计算沉降值

2.5　本章小结

本章主要结论如下：

（1）详细总结了堆石料的材料特性及其细观、宏观和工程尺度的描述，认为通过安全监测获取的工程尺度监测数据能够更加真实、可靠地反映材料的物理力学性质，为后续开展堆石料宏细观参数反分析研究奠定了基础。

（2）为进一步提高堆石料宏观参数反分析模型的精度及适用性，本书建立了基于 HS - MMRVM 的自适应反分析模型。模型通过引入混合核函数构建了精度更高的 MMRVM，并采用参数固定的 HS 优化 MMRVM 核参数，实现反分析模型的自适应；通过分析测点个数与模型计算精度的关系，在保证精度的同时缩减了 25％的测点数量；通过分析计算精度与噪声的关系，证明了 HS - MMRVM 具有较强的鲁棒性；建立了沉降预测置信区间，能够对坝体沉降进行预警预报。

（3）针对堆石坝坝体材料中存在的不确定性因素，建立了基于 RVM 与随机有限元的筑坝材料参数不确定性反分析模型，综合考虑了输入输出以及数值计算的不确定性。总结分析了土工试验、数值仿真理论、施工建设以及运行管理中的不确定性因素，采用基于 Cholesky 离散方法的蒙特卡洛随机有限元反映坝体材料的不确定性，并分析了考虑不确定性后的坝体沉降计算结果的变化规律。

第 3 章

基于室内三轴试验数据的堆石料细观
接触模型参数标定

在传统工程问题的解决过程中，通过现场取样进行室内土工试验的方式，能够获得相对准确、可靠的材料宏观力学特性曲线，并据此构建材料宏观本构模型、确定本构模型参数，将其用于数值仿真计算中以求解工程实际问题。与传统数值仿真方法不同，材料的细观尺度力学参数难以直接从室内试验获得，且目前无公认的细观参数试验测定方法与标定理论，但这些细观接触参数对离散元的仿真结果有着重大影响。当前研究主要通过试错法调整细观接触模型参数，以期重现材料在室内尺度（如三轴和静态疲劳响应）以及工程尺度（如边坡失稳演变过程和开挖岩体演化）的物理表现和力学行为[220]，从而实现材料细观参数的标定。上述标定方法存在耗时严重、工作量大、随机性高、可重复性差等问题，离散元在研究材料细观机理和解决工程大变形问题方面具有无法取代的优势，因此迫切需要建立一套完整、可推广的堆石料细观参数标定理论与方法。

本章针对堆石料基本性质建立精细化的堆石料离散元三轴试验模型，并分析细观参数对堆石料力学特性的影响规律及机理，为细观参数标定奠定基础。随后充分发挥现有试验数据信息，以室内三轴试验数据为核心，建立堆石料细观参数标定模型：对于单围压情况，建立基于应力-应变曲线的 QGA – SVM 标定模型；对于多围压情况，构建基于本构模型参数的 QGA – RVM 标定模型。最后，基于上述标定结果，深入分析并讨论堆石料在三轴试验过程中的细观变形机理。

3.1 堆石料离散元模拟

3.1.1 离散元模拟的关键技术

为精确模拟堆石料三轴试验过程，在堆石料离散元三轴试验模拟过程中采用以下措施，尽可能使所构建的堆石料试样与室内三轴试验试件的物理特征更为接近，以进一步提高堆石料离散元三轴试验与室内三轴试验结果的吻合度。

3.1.1.1 堆石料颗粒体型模拟

堆石料的颗粒体型对颗粒生成、颗粒破碎、颗粒间咬合作用及料堆休止角有着十分明显的影响[221]，在离散元模拟中，单个堆石料颗粒的形状对其宏观力学有着明显的影响。常规离散元中提供的球体颗粒与实际颗粒形态差别较大，通常难以准确模拟堆石料的互锁现象。因此，在研究堆石料材料力学特性时，应尽可能准确模拟堆石料颗粒形状，这是准确模拟堆石料力学行为的前提。在本次模拟过程中，选取堆石料最常见的三种体型进行模拟，堆石料体型如图 3.1 所示。

图 3.1　常见的堆石料体型

3.1.1.2 堆石料破碎特性模拟

目前，离散元中关于颗粒破碎的模拟方法有两种主流思路[222-223]：①将若干小颗粒黏结形成较大的颗粒簇，在离散元计算过程中当作用力超过黏结强度时颗粒簇破裂，以此模拟堆石料的破碎过程；②采用刚性球体或颗粒簇模拟块石，当满足破裂准则时单个刚性块石被替换为若干更小的刚性块石。两种模拟方法均有各自的优势，相比较而言，后者需人为定义块石破裂后的块石构成形态，其受主观因素影响较大，与客观实际的堆石料破碎发生位置、破碎后块石形态以及破碎过程的随机性存在差异。

因此，在本次堆石料三轴试验离散元模拟中，采用颗粒簇方式模拟堆石料的破碎，具体实现过程如下：①根据粒径级配曲线，生成完全由 ball 组成的三轴试样；②对试样中的粒径较大的颗粒，采用块石模板将 ball 替换为 clump 颗粒簇；③由于 clump 为刚性颗粒簇，通过编写子程序将组成 clump 的 pebble 替换为 ball，由此实现 clump 刚性颗粒簇转换为可破裂的 cluster 颗粒簇。通过上述步骤即可建立可破碎的块石，实现离散元三轴试验中堆石料的破碎模拟。在颗粒离散元中，ball 与 wall 是最基础的计算对象单元，刚性球体 ball 允许发生重叠以模拟研究对象的变形，刚性墙体 wall 通常作为边界条件。

在模拟堆石料的破碎过程中，应特别注意避免颗粒破碎时突然发生能量释放，在编写的计算程序时需注意以下问题：①通过使用 clump template create

中的 bubblepack distance 参数，控制 clump 颗粒生成时子颗粒间的间距，应尽量减少子颗粒间的重叠量，避免出现不符合实际情况的子颗粒构成[224]；②修改 contact property 中的 lin_mode 参数取值，使颗粒破碎后颗粒间接触力计算方式采用增量模式，避免突然的应力释放。

3.1.1.3　堆石料颗粒级配模拟

随着设计理论和机械化施工水平的提高，堆石工程中采用的堆石料粒径也逐渐增大，通常最大粒径为 30~60cm，个别情况可超过 100cm。对此，众多学者尝试研制大型室内三轴试验仪[225,226]，目前其试样直径可达到 100cm 以上，如日本直径 120cm 三轴仪。但目前的室内三轴试验受试验设备条件限制，仍难以满足堆石料原级配试验的要求，常需按照一定方法对堆石料原型级配进行缩制处理，如相似模拟法、等量替换法、剔除法或综合法等。本次仿真过程中，将采用等体积替换法确定离散元三轴试样级配。

3.1.1.4　堆石料试件空隙率模拟

在离散元数值模拟中，生成试样的控制参数中包含 porosity 空隙率，但其物理含义不同于土力学中的孔隙率概念，因此不能将实际的堆石料孔隙率参数用于控制试件生成中。离散元中的孔隙率参数主要用于控制试样生成的紧密程度，对于三维模型，试样的合理空隙率应为 0.3~0.4。目前，关于如何在离散元模拟中反映材料的孔隙率仍处于探索阶段，两种常见的处理方式如下：①对于生成的试样，根据材料的真实孔隙率将对应数量的球体设定为空隙单元，赋予其力学参数为 0；②根据材料的真实孔隙率，在试样中随机删除相应数量的单元作为空隙。本书在试样生成中，将孔隙率取为固定值 0.35。

3.1.2　堆石料细观接触模型

不同于岩石、土体等材料，堆石料由形状不规则、多棱角、排列紧密的块石组成，具有咬合力大、抗剪强度高等特点。若仅用圆球模拟堆石料将造成块石排列形式单一、咬合力较弱。结合表 1.1 堆石料离散元三轴试验中接触模型统计情况的分析结论，为了更好地模拟堆石料的物理力学特性，提高离散元三轴试验模拟精度，本书将对 cluster 颗粒簇将采用接触黏结模型，其余颗粒采用线性刚度模型，以模拟堆石料力学特性。

当前主要的离散元理论可分为非连续块体理论与颗粒流理论，非连续块体理论多用于岩体研究稳定性，而土工试验数值模拟研究中多采用颗粒流理论。接触模型是颗粒流理论中描述颗粒变形、受力、运动等状态的核心法则。本书中采用的接触黏结模型原理如图 3.2 所示，其通过一点将球与球连接，能够设定法向与切向黏结力。根据接触黏结模型基本原理，若颗粒间运动趋势为法向挤压，其压力与位移关系服从线性刚度模型；若颗粒间运动趋势为法向脱离，其法向拉力与法向位移成正比，当法向拉力大于设定法向黏结力时黏结破裂，颗粒不再有法向拉力；若颗粒间运动趋势为切向挤压，其切向力与切向位移成正比，当切向力大于设定切向黏结力时黏结破裂，颗粒将遵循滑动模型。

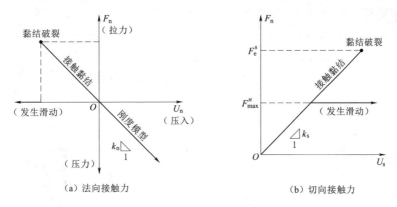

（a）法向接触力　　　　　　　　　　　（b）切向接触力

图 3.2　离散元接触黏结模型原理

　　根据图 3.2 可知，接触黏结模型由刚度法则、黏结法则和滑动法则三部分组成：刚度法则建立了颗粒间接触力大小与其相对位移的关系；黏结法则指定了法向力和切向力的最大连接强度，当法向力或切向力大于相应连接强度时颗粒黏结破坏，随后颗粒将遵循滑动模型；滑动法则明确了法向力和切向力间的关系，用于判别球体是否发生相对运动。黏结模型又可分为接触黏结模型和平行黏结模型，接触黏结模型为点连接，颗粒间能够传递力，平行黏结模型中颗粒间能够传递力与力矩。接触黏结模型中法向力 F_n 与切向力 F_s 可通过式（3.1）和式（3.2）计算：

$$F_n = \begin{cases} k_n \cdot \Delta g & \text{黏结} \\ \left\{ \begin{array}{ll} k_n \cdot \Delta g, & \Delta g < 0 \\ 0, & \text{否则} \end{array} \right\}, & \text{黏结或黏结断裂}(F_n > b_n) \end{cases} \tag{3.1}$$

$$F_s = \begin{cases} k_s \cdot \Delta \delta & \text{黏结} \\ \left\{ \begin{array}{ll} k_s \cdot \Delta \delta, & F_s < \mu F_n \\ F_s^\mu, & \text{滑动} \end{array} \right\}, & \text{黏结或黏结断裂}(F_s > b_s) \end{cases} \tag{3.2}$$

式中：k_n 为颗粒的法向接触刚度；k_s 为切向接触刚度；μ 为摩擦系数；b_n 为法向黏结力；b_s 为切向黏结力。上述 5 个参数是离散元模型中较为关键的参数，其对堆石料的宏观力学性能模拟结果具有重要影响。

3.1.3　堆石料离散元三轴试样生成

　　为方便研究对比，本章依据邵磊等[65-66,227]提供的苏家河口水电站筑坝堆石料粒径级配及其三轴试验结果，进行离散元三轴试验模拟。根据粒径级配曲线，试验采用挤压排斥法生成堆石料离散元三轴试件，对于其中粒径较大的颗粒由 cluster 颗粒簇进行模拟。所模拟的堆石料设计、室外和室内级配曲线如图 3.3 所示,最终生成的离散元三轴试样如图 3.4 所示。堆石料离散元三轴试件采用圆柱形,尺寸为 $\phi 300\text{mm} \times 650\text{mm}$,初始孔隙比 0.35,共 5026 个颗粒,其中 cluster 颗粒簇包含 508 个颗粒。由伺服控制程序控制试验的等压固结、加载、卸载,围压为 0.8MPa。设定上下加载压盘的运动速度为 0.05m/s,以模拟试样的静力加载。通常认为当轴向变形超过 12% 时,堆石料试件发生破坏。

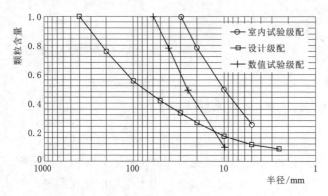

图 3.3 堆石料粒径级配曲线   图 3.4 离散元三轴试样

3.2 堆石料细观参数对其变形特性影响分析

为分析堆石料离散元三轴试验中细观参数对其变形特性的影响规律,在建立精确的堆石料离散元三轴模型,通过控制变量法逐个分析法向刚度、切向刚度、摩擦系数、法向黏结强度和切向黏结强度等细观参数的对应力-应变曲线、体应变曲线的影响规律,并尝试解释其影响机理。随后,分析了堆石料应力-应变曲线、体应变曲线、黏结破坏曲线间的关联。本节通过开展堆石料细观参数对其宏观变形特性的影响研究,明确细观参数对堆石料变形特性的影响,为堆石料细观参数标定提供了参考,更为后续开展堆石料细观特性研究工作奠定了基础。

3.2.1 堆石料变形特性影响因素分析

当前,对于堆石料的变形特性认识已经取得了丰硕的成果,但受到堆石料自身性质、试验条件以及数值模拟方法等多方面因素的影响,深入研究堆石料在高围压、高荷载等复杂环境下的物理力学特性仍存在很多困难。在堆石料自身性质方面,主要影响因素包括母岩岩性、岩质、堆石大小、堆石形状和堆石料级配等;在试验条件方面,主要受到仪器类型、试验方法、试件尺寸、缩制方法、密度、结构、含水率和围压等因素的影响；在数值模拟分析方法方面，主要受到计算理论、模型假定、计算条件等因素的影响[228]。

作为一种研究堆石料物理力学特性的数值模拟方法，在离散元三轴试验模拟中试件受到模拟颗粒数目、模拟粒径级配、试件组装方式、加载速度、接触模型和细观参数等众多模拟策略的作用，其均会对其应力应变曲线、体应变曲线造成影响。作为离散元描述"力"与"变形"的核心法则，接触模型及细观参数是影响最大、最难调控的因素。

3.2.2 堆石料细观参数的影响机理分析

基于 3.1.3 节苏家河口水电站筑坝堆石料基本资料离散元三轴试验模型，通过标定获得拟合精度较高的变形特性曲线，如图 3.5 所示。离散元模拟中围压为 0.8MPa，颗粒的法向接触刚度 $k_n = 3.5 \text{MN/m}$，切向接触刚度 $k_s = 2.6 \text{MN/m}$，摩擦系数 $\mu = 0.09$，颗粒的法向黏结力 $b_n = 2.2 \text{kN}$，切向黏结力 $b_s = 2.2 \text{kN}$。此后，均对各参数取值分别上调 10%、上调 20%、下调 10%、下调 20%，以研究其对堆石料变形特性曲线的影响。

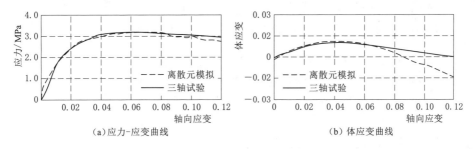

（a）应力-应变曲线　　　　　　　　（b）体应变曲线

图 3.5　苏家河口水电站堆石料离散元三轴模拟结果

由于堆石料离散元模型由大量颗粒随机堆积而成，离散元模型内部存在复杂、凌乱的力链传递途径，因此堆石料细观参数与宏观试验曲线间有着复杂的非线性、不确定性关系，难以通过准确、定量的方式描述细观参数的影响效果。为分析细观参数对堆石料宏观变形特性的影响，采用控制变量法逐个调整单个细观参数取值，以定性分析细观参数对试验曲线的影响，并解释其影响机理。

3.2.2.1 法向刚度

当法向接触刚度 k_n 取值分别为 4.20MN/m、3.85MN/m、3.50MN/m、3.15MN/m、2.80MN/m 时，堆石料的变形特性曲线如图 3.6 所示。对于应力-应变曲线，随着法向刚度的增加，使球体在产生相同"应变"时需要更高的应力作用，致使应力-应变曲线的初始斜率增大，即堆石料的宏观初始模量增大。在球体间黏结力保持不变的前提下，随着法向刚度的增加，应力-应变曲线将更早达到峰值，即峰值出现时对应的轴向应变减小。由于颗粒间的互相制约，颗粒能够承受的作用力略微有所增加，使应力-应变曲线的峰值稍有增加。对于体应变曲线，随着法向刚度的增大，体应变曲线的峰值降低，进入剪胀时的轴向应变提前。这是由于随着法向刚度的增大，若球体间黏结力保持不变，试件的轴向应变会减小，根据体应变公式 $\varepsilon_v = \varepsilon_a - 2\varepsilon_r$，则体应变的峰值相应降低。法向刚度的增大导致体应变的变化速度被加快，表现为体应变曲线在横轴方向的变化被压缩。

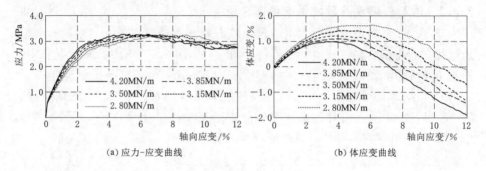

(a) 应力-应变曲线　　　　　　　　　　(b) 体应变曲线

图 3.6　不同法向刚度对堆石料试验曲线的影响

随着法向刚度的增加，若球体间的法向黏结力保持不变，将导致法向黏结的破坏数量增加。同时，即使切向刚度保持不变，受法向刚度与法向力增大的影响，块石为保持稳定将重新调整自身位置，造成颗粒切向力增大，表现为切向黏结的破坏数量增加。

3.2.2.2　切向刚度

当颗粒的切向接触刚度 k_s 取值分别为 3.12MN/m、2.86MN/m、2.60MN/m、2.34MN/m、2.08MN/m 时，堆石料的应力-应变曲线与体应变曲线如图 3.7 所示。相较于法向刚度，切向刚度对应力应变曲线、体应变曲线的影响较小，仅对出现剪涨后的体应变曲线造成一定的波动影响。随着切向刚度的增加，若球体间的切向黏结力保持不变，将导致切向黏结的破坏数量有少

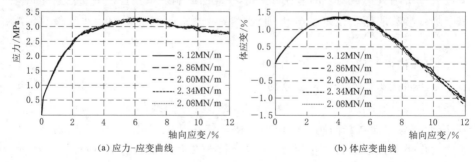

(a) 应力-应变曲线　　　　　　　　　　(b) 体应变曲线

图 3.7　不同切向刚度对堆石料试验曲线的影响

量增加。

3.2.2.3 摩擦系数

当颗粒的切向接触刚度 μ 取值分别为 0.11、0.10、0.09、0.08、0.07 时，堆石料的应力-应变曲线与体应变曲线如图 3.8 所示。对于应力-应变曲线，随着摩擦系数的增大，应力-应变曲线的初始斜率与应力峰值均有较大幅度的增加，且应力峰值的变化情况十分突出。对于颗粒而言，摩擦系数的增大意味着球体发生滑动时对所受到的切向力要求将提高。因此，摩擦系数的增大限制了颗粒滑动的发生，进一步限制了试件径向变形的发展，由此增加了试件整体的"抵抗力"。对于体应变曲线，不同摩擦系数下，试件发生剪涨时对应的轴向应变基本相同。

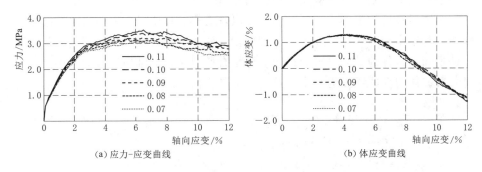

(a) 应力-应变曲线　　　　　　　　(b) 体应变曲线

图 3.8　不同摩擦系数对堆石料试验曲线的影响

3.2.2.4 法向黏结强度

当颗粒的法向黏结强度 b_n 取值分别为 2.64kN、2.42kN、2.20kN、1.98kN、1.76kN 时，堆石料的应力-应变曲线与体应变曲线如图 3.9 所示。对于应力-应变曲线，由于初期多数颗粒间法向黏结还未发生破坏，因此曲线的初始斜率保持不变。当曲线达到峰值后，颗粒间法向黏结逐步开始发生破坏，法向黏结强度的影响得以体现。随着法向黏结强度的增加，颗粒间能够承受的法向接触力将增加，使法向黏结的破坏向后推迟，宏观表现为应力-应变曲线的峰值增大，且出现峰值强度时的轴向应变增大。对于体应变曲线，随着法向黏结强度的增加，试件的轴向变形与径向变形均有所减小，但径向变形的减小更加明显，致使体应变曲线的峰值表现为增大，且峰后下降延缓。

3.2.2.5 切向黏结强度

当颗粒的切向黏结强度 b_s 取值分别为 1.92kN、1.76kN、1.60kN、1.44kN、1.28kN 时，堆石料应力-应变曲线与体应变曲线如图 3.10 所示。对于应力-应变曲线，由于初期多数颗粒间切向黏结未发生破坏，因此曲线的初始斜率保持不变。随着切向黏结强度的增加，应力-应变曲线峰值增大，且出

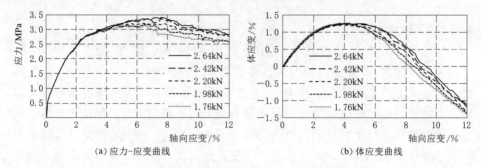

图 3.9　不同法向黏结强度对堆石料试验曲线的影响

现峰值强度时的轴向应变减小。通过对比图 3.9 和图 3.10 可知，相比于法向黏结强度对峰值的影响，切向黏结强度出现更早、更明显，表明切向黏结破坏较法向黏结出现时刻更早、破坏数量更多。对于体应变曲线，随着切向黏结强度的增加，试件的轴向变形与径向变形均有所减小，但轴向变形的减小更加明显，致使体应变曲线峰值减小，且峰后下降提前。

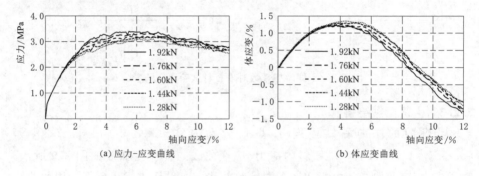

图 3.10　不同切向黏结强度对堆石料试验曲线的影响

　　根据上述试验结果及分析内容，总结了堆石料细观参数对其变形特性曲线的影响规律，见表 3.1，由表 3.1 可知：堆石料细观参数与其宏观表现间存在着复杂的非线性关系，同时细观参数间也存在互相制约、限定、促进等互相作用，因此难以用简单的公式描述细观参数的影响。离散元三轴试验模型由大量颗粒组成，颗粒的大小、接触、受力和变形等变量表现出明显的随机性，因此虽然多数颗粒的力学表现可估计、预期，但仍有为数不少的颗粒由于受力情况、黏结情况等因素影响不一定完全符合预期。因此，细观模型中多数颗粒的表现决定了三轴试件的整体变形特性，能够据此定性分析细观参数对试件的宏观变形影响，但受为数不少的颗粒随机作用影响，试件宏观变形也表现出一定的波动性、随机性，难以做到定量分析。

表 3.1　　　　　　　　　堆石料细观参数对其变形特性曲线的影响规律

项　目			刚度模型		滑动模型	黏结模型	
			k_n	k_s	μ	b_n	b_s
应力-应变曲线	初始斜率		↑↑		↑		
	峰值情况	应力	↑	↑	↑↑	↑	↑
		轴向应变	↓			↑	↓
	峰后曲线波动情况				↑		
体应变曲线	初始斜率						
	峰值情况	体应变	↓			↑	↓
		轴向应变	↓				
	峰后曲线波动情况			↑	↑		
堆石料破碎情况	法向破碎率		↑↑			↓	
	切向破碎率		↑	↑	↑		

注　↓表示随着变量增加而减少；↑表示随着变量增加而增加；↑↑增加效果显著。

　　由于堆石料细观参数间也存在着互相作用，因此恰当的细观参数组合能够使模型整体处于"平衡"状态，若细观参数在一定范围内变化则符合上述规律，若其取值大幅度超出该范围，极有受其他参数限制对试验曲线无明显影响。此外，受限于堆石料自身的复杂性与当前的计算能力限制，未能全面考虑颗粒形状、颗粒尺寸、加载速度等因素的影响，实际堆石料的宏细观作用机理较表 3.1 中所示更为复杂，应开展进一步的研究。

3.2.3　堆石料变形特性曲线关联分析

　　堆石料的破碎对其宏观变形特性曲线的变化、走向、趋势有着重要影响，在上述分析结果的基础上，尝试从颗粒破碎角度分析堆石料宏观力学表现。本节所研究的堆石料宏观力学表现及其在加载过程中的黏结破坏数量统计如图 3.11 所示，其变化情况基本可以分为三个阶段：①弹性变形阶段，在阶段内，试件中颗粒处于不断压紧、变形阶段，存在少量的滑动、破碎情况，其宏观力学表现主要受颗粒刚度细观参数的影响；②试件中颗粒开始加速滑动、破碎，由弹性阶段向塑性过度，主要受颗粒摩擦系数细观参数的影响；③试件进入大量颗粒破碎、滑动状态，且颗粒的破碎速度相对保持稳定，使其宏观力学表现为应力达到峰值并开始缓慢下降，主要受颗粒黏结强度细观参数的影响。当径向变形大于 0.5 倍的轴向变形时，体应变峰值开始下降时，应力-应变曲线才有可能达到峰值附近。通过上述分析可知，颗粒破碎与堆石料试件的宏观力学表现有着密切的联系，颗粒黏结强度、刚度、摩擦系数分别对颗粒的破坏力、抵抗力以及颗粒破碎后的力学行为有着重要的影响。

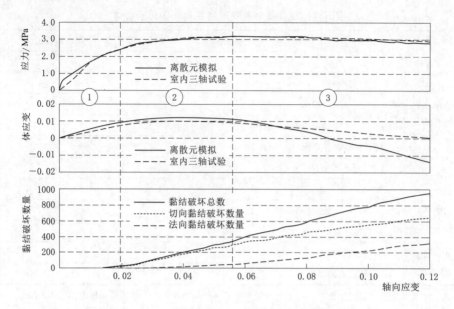

图 3.11　堆石料变形特性曲线与颗粒破摔情况

　　本节采用控制变量法，分析总结了离散元堆石料三轴试验模拟中细观参数对变形特性曲线的影响，并解释其中的影响机理。随后，分析了堆石料应力-应变曲线、体应变曲线、黏结破坏曲线间的关联，表明颗粒破碎与堆石料试件的宏观力学表现存在着密切的联系，颗粒黏结强度、刚度、摩擦系数等细观参数分别对颗粒的破坏力、抵抗力和颗粒破碎后的力学行为有着重要的影响。通过分析细观参数对堆石料变形特性的影响规律，为堆石料细观参数标定提供了指导，为后续开展堆石料离散元模拟研究奠定了基础。

3.3　单围压下基于应力-应变曲线的堆石料细观接触模型参数标定

　　针对堆石料离散元三轴试验中存在的细观参数标定影响因素多、耗时严重等问题，建立基于 QGA-SVM 的细观参数标定模型。模型采用拉丁超立方抽（LHS）生成细观参数组，并使用离散元计算其应力-应变曲线；然后采用 QGA 对 SVM 进行训练，使其达到最佳学习效果，以模拟细观参数与应力-应变曲线间复杂的非线性关系；最后依据堆石料室内三轴试验成果，发挥 SVM计算速度优势，采用 QGA 搜索堆石料细观参数，实现堆石料的离散元细观参数标定。堆石料细观参数实例标定结果表明，所建立的模型可快速、精确地标定离散元细观参数，具有工程应用价值。

3.3.1 QGA-SVM算法基本原理

1995 年，Corinna 等[229]首先提出了 SVM，其在解决小样本、非线性及高维模式识别中表现出许多特有的优势，并能够推广应用到函数拟合等其他机器学习问题中。SVM 是建立在统计学习理论的 VC 维理论和结构风险最小原理基础上，根据有限的样本信息在模型的复杂性（即对特定训练样本的学习精度）和学习能力（即无错误地识别任意样本的能力）之间寻求最佳折中，以求获得最好的推广能力。

水利水电领域的众多学者将 SVM 应用于安全监测、水文预报、水轮机故障分类和坝坡稳定等方面研究中，尤其是在大坝安全监测领域成果丰硕：高永刚等[230]首次建立了 SVM 的大坝变形监测模型，实现变形监测数据的预报；宋志宇等[231]将最小二乘法和 SVM 相结合，构建了大坝变形预测模型。针对 SVM 核参数对计算效果影响较大且不易确定的问题，肖兵等[232]利用粒子群算法优化 SVM，对堆石坝堆石料本构模型参数进行反分析；Pourghasemi 等[233]在总结分析影响淤地坝布置因素的基础上，采用 SVM 等机器学习方法优化淤地坝位置，为淤地坝的选址提供建议；Sun 等[234]采用 SVM 和粒子群算法预测岩石裂隙水压力，预测值与理论经验公式拟合效果较好。同时，为了优化 SVM 在求解凸二次规划问题中表现，很多学者提出了 SVM 的改进算法如 Boser 等[235]构建了选块算法，将 SVM 核矩阵中 Lagrange 乘子为 0 的样本对应的行和列删除；Suykens 等[236]于提出最小二乘支持向量机，将不等式约束换成了等式约束；近年来，SVM 的改进算法大量涌现如拉格朗日支持向量机、模糊支持向量机、多分类支持向量机等。SVM 作为较常用的机器学习方法，在科研与实践中应用较为广泛，其基本原理见文献 [229]。

1975 年，Holland[237]提出了具有开创意义的 GA 理论和方法，随后被迅速应用、改进和推广，并成为测试优化算法的标杆。在众多优化算法中，GA 凭借其全局搜索能力强、鲁棒性优异、适应性好等特征，在诸多科学与工程实践问题中得到广泛的应用。同时，由于子代不断继承父代的基因，使种群整体缺乏多样性，难以产生最优个体，导致 GA 存在搜索速度慢、过早收敛、易陷入局部解等局限性。众多学者针对上述问题对 GA 进行了改进，对于遗传算法的改进通常分为三类途径：①对基本操作算子和参数的改造；②在遗传进化的过程中引入快速收敛的局部寻优算法，构成混合遗传算法；③在对后代进行选择时，选用不同方法更新种群，确保种群的多样性与先进性。本书将选择其中改进效果明显且具有代表性的 QGA，将其应用于堆石料宏细观参数反分析中。

首先，作为一种新型优化算法，QGA 是由 Narayanan 等[238]基于量子理论与 GA 思想创建的，是目前量子衍生算法中应用效果最好的算法之一。随后，Han 等[239]将量子旋转门引入到算法中，进一步完善了 QGA。凭借量子所具有的叠加性、相干性和纠缠性，QGA 比 GA 具有更强的并行计算能力，是一种全局优化算法[240]。同时，QGA 参数数量较少且较为固定，无须针对具体实际问题进行人为调整，具有极大的适应性。

在经典信息理论中，一个比特仅能表达 0 或 1，而量子位可同时表达$|0\rangle$和$|1\rangle$的叠加态，即"0"态和"1"态的任意中间态。因此，量子可以以很少的个体数表达较大的解空间，叠加态$|\varphi\rangle$可描述为

$$|\varphi\rangle=a|0\rangle+b|1\rangle \tag{3.3}$$

式中：a、b 为相应比特状态的概率幅且满足$|a|^2+|b|^2=1$。

经过多次迭代后，量子比特的概率幅$|a^2|$或$|b^2|$趋于 0 或 1，即量子坍塌到确定状态，量子的不确定性消失。

第 c 代染色体种群中第 f 条染色体可表示为

$$\boldsymbol{X}_f^c=\begin{bmatrix} a_1^c & a_2^c & \cdots & a_e^c \\ b_1^c & b_2^c & \cdots & b_e^c \end{bmatrix} \quad (f=1,2,\cdots,F) \tag{3.4}$$

式中：e 为每条染色体所包含的量子位数；F 为染色体个数，即种群数。

在 QGA 计算中，通过量子门作用于量子实现各代染色体的变异。根据当前最优染色体信息，对全部量子比特的概率幅进行旋转，使量子更好地趋向最优解。目前，最常用的量子门为量子旋转门，其旋转矩阵为$\boldsymbol{U}(\Delta\theta)$。旋转角度 $\Delta\theta$ 控制了算法的收敛速度，应依据调整策略表[240]确定 $\Delta\theta$ 的大小和方向。量子旋转门操作如下：

$$\begin{bmatrix} a^{c+1} \\ b^{c+1} \end{bmatrix}=\boldsymbol{U}(\Delta\theta)\begin{bmatrix} a^c \\ b^c \end{bmatrix}$$

$$=\begin{bmatrix} \cos(\Delta\theta) & -\sin(\Delta\theta) \\ \sin(\Delta\theta) & \cos(\Delta\theta) \end{bmatrix}\begin{bmatrix} a^c \\ b^c \end{bmatrix} \tag{3.5}$$

通过观测方法可将量子编码测量转为二进制编码，观测过程为：对于每一个量子比特位随机产生一个随机数 $rand$，若 $rand<|a|^2$，则该比特位值为 1，否则为 0。随后结合自变量变化范围，将再量子由二进制编码转化为十进制，以便于计算染色体适应度。QGA 流程如图 3.12 所示。

3.3.2　基于应力-应变曲线的细观参数标定模型构建

3.3.2.1　标定模型目标函数

在常规离散元数值模拟的基础上，建

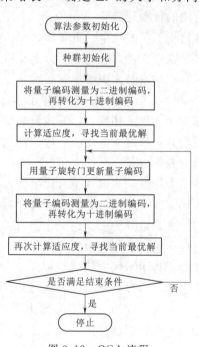

图 3.12　QGA 流程

立基于 QGA 和 SVM 的堆石料离散元细观参数标定模型,其目标函数 $S(x_1, x_2, \cdots, x_M)$ 为

$$S(x_1, x_2, \cdots, x_M) = \min\left\{\frac{1}{q}\sum_{i=1}^{q}[F_i(x_1, x_2, \cdots, x_M) - T_i]^2\right\} \quad (3.6)$$

式中:$x_1, x_2, \cdots, x_M$ 为 M 个待反分析参数,此处为离散元细观接触模型参数;q 为输出变量个数,此处为应力-应变曲线中提取的定点个数;F_i 为 QGA-SVM 模型计算出的第 i 个轴向应变点对应的应力值;T_i 为室内三轴试验得到中应力应变曲线中第 i 个轴向应变点对应的应力实测值。

3.3.2.2　QGA-SVM 标定模型

作为机器学习算法发展最热门的算法之一,SVM 建立在统计学习理论的 VC 维理论和结构风险最小原理的基础上。SVM 可根据有限的样本信息,寻求模型复杂性和学习能力间的最佳折中,具有较强的理论基础,其极值解为全局最优解而非局部最小值,对未知样本有较好的泛化能力。核函数的类型及参数对机器学习算法的性能有至关重要的影响,为进一步提高 SVM 模型计算能力,本书采用混合核函数为

$$K(x, x_i) = g \cdot \exp(-\|x - x_i\|^2/\delta^2) + (1-g)[\eta(xgx_i) + r]^d \quad (3.7)$$

式中:$K(g)$ 为核函数;x 为训练样本的输入;x_i 为待求样本的输入;g 为组合核函数的待寻优参数;δ 为高斯核参数(带宽参数);η、r、d 为多项式核参数。

在 QGA 与 SVM 的基础上,所建立堆石料离散元细观参数标定模型主要包括训练机器学习模型和搜索细观参数两部分,其计算流程如图 3.13 所示。

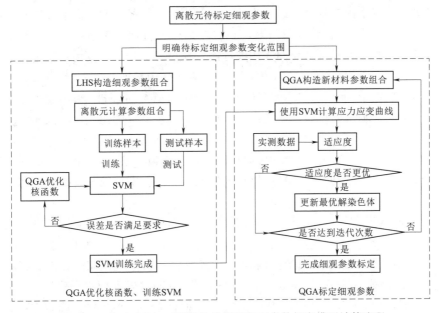

图 3.13　基于 QGA-SVM 的堆石料细观参数标定模型计算流程

本书采用 LHS 构建离散元细观参数组合，使尽可能小的训练样本数量代表更广范围的细观参数组合，以减少离散元计算次数节省时间。与随机取样法、正交设计法等其他抽样算法相比，LHS 具有适用范围广、抽样估值稳定、样本具有更好的代表性和均匀性等优点[241,242]。

凭借强大的表达、并行计算能力，QGA 计算性能对参数依赖性小，其取值较为固定，同时 SVM 核函数的变化范围也较为固定。QGA - SVM 细观参数标定模型具有自动适应不同围压、不同试样的优点，尽可能避免传统智能算法需人为修改模型参数、造成分析结果差别较大和模型推广能力差等问题。QGA 参数取值和 SVM 混合核函数参数变化范围见表 3.2。

表 3.2　　　　　　　　　QGA - SVM 参数变化范围

QGA 参数取值		SVM 核参数变化范围	
参数	取值	参数	范围
种群数量	40	δ	[0.1, 100]
交叉概率	0.6		
变异概率	0.8		
最大迭代次数	5000		
退火温度迭代次数	5		

3.3.3　基于应力-应变曲线的细观参数标定模型应用实例

为验证模型可行性，仍采用邵磊等[65-66,227]中的苏家河口水电站筑坝石料粒径级配及其室内三轴试验结果进行模型验证，其粒径级配与离散元三轴试样如图 3.3 和图 3.4 所示。为模拟堆石料应力-应变特性，采用接触黏结模型模拟堆石料，其中堆石料颗粒间采用线性刚度模型，对于粒径较大块石由随机颗粒组成的 cluster 颗粒簇进行代替，cluster 颗粒簇内部通过 bond 键连接。

为实现基于 QGA - SVM 的堆石料离散元细观参数标定，采用离散元软件进行离散元三轴试验模拟，使用编写程序实现细观参数的读入、离散元三轴试验计算和应力-应变曲线的输出；随后通过程序对应力-应变曲线进行插值，以获得 0~15% 中每 0.5% 间隔的轴向应变对应应力值，共计 31 个应力值；最后通过编写程序完成 QGA - SVM 算法的训练与计算，实现堆石料离散元细观参数标定。

综合分析相关研究成果，并在试算的基础上确定细观参数取值范围，见表 3.3。其中侧墙法向刚度约为球体颗粒刚度的 1/10，墙体的切向刚度设为 0。通过 LHS 在细观参数取值范围内构建 40 组参数组合，利用离散元计算相应的应力应变曲线，并提取其中 31 个应力值；将 40 组材料参数组合作为 SVM 的输入数据，相应应力值作为 SVM 的输出数据，采用 QGA 搜索确定 SVM 核参数，使其性能达到最佳状态；最后，以室内三轴试验值与 SVM 计算应力值误差最小为目标，发挥 SVM 快速计算应力应变曲线的能力，采用 QGA 全局搜索细观参数。

表 3.3   单围压案例中堆石料细观参数取值范围及标定结果

参数类别	刚度模型		滑动模型	黏结模型		墙体刚度		
	k_n /(MN/m)	k_s /(MN/m)	μ	b_n /kN	b_s /kN	k_{nw1} /(MN/m)	k_{nw2} /(MN/m)	$k_{sw1} k_{sw2}$ /(MN/m)
变化范围	[0.1, 50]	[0.1, 50]	[0.01, 0.5]	[0.1, 50]	[0.1, 50]	[1, 5]	[10, 50]	0
标定结果	10.28	13.61	0.194	34.49	10.35	1.02	14.06	0

在 SVM 训练中，QGA 搜索得 SVM 性能最佳时的混合核参数组合为：$\delta = 1.3774$、$\eta = 0.9433$、$r = 0.1636$、$d = 2.2278$、$g = 0.4445$。SVM 与离散元计算值的平均绝对误差（MAE）为 0.0153，表明 SVM 对训练数据的拟合精度非常高，训练后的 SVM 已完全能够代替离散元实现应力应变计算。随后，采用 QGA 搜索细观参数，最终依据应力应变曲线标定后的细观参数见表 3.3。

为验证标定细观参数的可靠性，采用离散元正算细观参数标定值，得室内三轴试验、SVM 与离散元计算值如图 3.14 所示。由图 3.14 可知：①SVM 计算值与室内三轴试验的 MAE 为 0.25，两者在应力-应变曲线的前部与中部吻合度较高，在中前部及后部略有误差，因此 SVM 整体表现良好，较好地反映了堆石料变形情况；②SVM 与离散元正算值的 MAE 为 0.28，两者在应力-应变曲线的前部、后部存在一定误差，表明 SVM 在前部、后部的训练需加强；③离散元正算值与室内三轴试验的 MAE 为 0.19，两者在应力-应变曲线的前部存在一定误差，在中部、后部拟合效果较好。对比计算结果可知：离散元计算值相较于 SVM 正算值更为接近室内三轴试验值，表明 SVM 在拟合应力-应变曲线中仍存在一定误差，致使正算值存在优于 SVM 计算值的可能。上述分

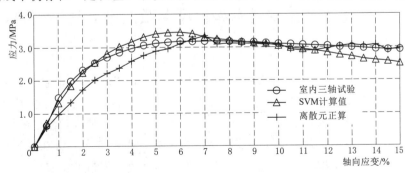

图 3.14   不同试验下的应变-应力曲线对比

析表明：基于 QGA - SVM 的堆石料离散元细观参数标定模型是可行的。

为验证 QGA 优化速度，本书分别采用 QGA 与 GA 对堆石料的细观参数进行标定，其收敛速度如图 3.15 所示。相比于 GA，QGA 迭代收敛速度快、计算精度高。因此，本书所建立的 QGA - SVM 标定模型在计算精度、速度方面优势明显。

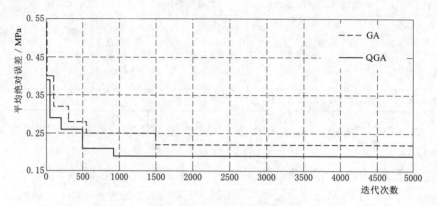

图 3.15   不同优化算法的细观参数标定速度对比

针对堆石料离散元三轴试验数值模拟中存在的细观参数标定影响因素多、耗时长、成本高等问题，基于三轴试验的应力-应变曲线，建立基于 QGA - SVM 的堆石料细观参数标定模型。模型采用 QGA 算法优化 SVM 核函数完成机器学习的训练，使其拟合精度、预测精度达到代替离散元计算的要求。随后，模型以 SVM 计算应力-应变曲线与室内三轴试验实测值差值最小为目标，采用 QGA 搜索离散元细观参数，完成堆石料离散元三轴试验细观参数标定。通过实例证明，QGA - SVM 可快速、精确地标定离散元材料细观模型参数，具有良好的学术研究、工程应用推广价值，可将模型进一步扩展以考虑体应变或本构模型参数等在细观参数标定方面的应用。

3.4   多围压下基于宏观本构模型参数的堆石料细观接触模型参数标定

在 3.3 节中，基于堆石料的应力-应变曲线建立了堆石料细观参数标定模型，进一步夯实了堆石料细观参数标定基础，但仅依靠单一围压下的应力-应变进行参数标定，未考虑体应变以及多围压等复杂情况，使细观参数的标定缺乏更为广泛的数据支撑。但对于复杂情况的考虑，也对拟合算法在数据处理、建立关系、计算精度等方面提出了更高的要求，而近年来机器学习中 RVM 理论的快速发展，为实现多围压下的细观参数标定提供了可能。凭借 RVM 在处理小样本、非线性、多输出等问题的明显优势，在岩土工程中拟合计算、反分析、预警预报、优化决策等方面得到广泛应用，为快速、准确构建众多宏细观材料参数间的复杂关系提供了新方法。因此，针对堆石料离散元三轴试验中存在的细观参数标定困难问题，采用机器学习中的 QGA 和 RVM 算法建立堆石料细观接触模型参数标定模型。本节首次提出以宏观本构模型为研究对象，并以 E-B 本构模型为例，建立堆石料宏观本构模型与细观接触模型间的参数联系，以标定堆石料细观接触模型参数，以期为材料的细观参数标定提供新方法，也为离散元的细观机理研究与工程实际应用奠定基础。

3.4.1　基于宏观参数的细观参数标定模型构建

3.4.1.1　目标函数

近年来，比 SVM 计算能力更为突出的 RVM 被应用于多个领域，其具有模型结构稀疏、计算复杂度较低、核函数无须满足 Mercer 条件、可提供方差和所需参数少等优点[243]，RVM 的基本原理见 2.3.2 节。在前述算法原理的基础上，采用 QGA 和 RVM 建立基于宏观本构模型参数的堆石料细观参数标定模型。在细观参数标定过程中，目标函数对标定计算具有方向指导性作用，同时也是搜索算法中适应度的计算方法，标定模型中目标函数 $S_{\mathrm{EB\text{-}MI}}$ 确定为

$$S_{\mathrm{EB\text{-}MI}}(k_{\mathrm{n}},k_{\mathrm{s}},\mu,b_{\mathrm{n}},b_{\mathrm{s}}) = \min\left\{\frac{1}{q}\sum_{j=1}^{q}\left[\mathrm{RVM}_{j}(k_{\mathrm{n}},k_{\mathrm{s}},\mu,b_{\mathrm{n}},b_{\mathrm{s}}) - \mathrm{TrueCon}_{j}\right]^{2}\right\}$$

$$(3.8)$$

式中：q 为输出变量个数，即宏观本构模型参数个数；$\mathrm{TrueCon}_{j}$ 为根据室内三轴试验结果确定的宏观本构模型参数。

本目标函数同样适用于其他种类的宏观本构模型和细观接触模型参数标定问题。

3.4.1.2　标定模型构造

基于宏观本构模型参数的堆石料细观参数标定方法总体可分为三个阶段：宏细观参数样本准备、RVM 训练和 QGA 标定细观参数，其流程如图 3.16 所示。在样本准备阶段主要完成细观参数生成、离散元三轴试验计算以及宏观本构模型参数计算；随后，通过对 RVM 训练建立起堆石料宏细观参数间的关系，从而代替离散元快速计算宏观参数；最后，以真实的宏观本构模型参数为目标，采用 QGA 标定离散元细观参数。

基于宏观本构模型参数的堆石料细观参数标定方法详细步骤如下：

（1）确定待标定的离散元细观参数及其取值范围。

（2）在细观参数取值范围内，采用 LHS 构建多组细观参数组合，并采用离散元三轴试验计算各组细观参数组合在多个围压下的应力-应变曲线、体应变曲线，并据此计算相应的宏观本构模型参数。随后，将细观接触模型参数、宏观本构模型参数分别作为构造样本的输入、输出变量，并进行归一化处理，

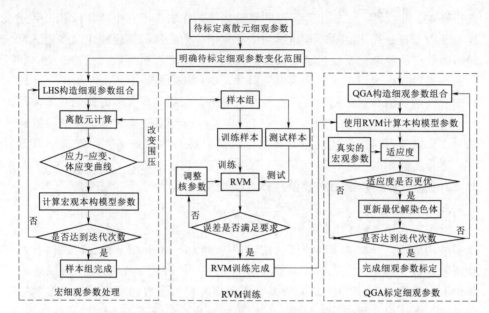

图 3.16 基于 QGA - RVM 的堆石料细观参数标定模型流程

由此完成样本组构造。

（3）通过优化混合核核参数，使 RVM 达到最佳的训练效果。为充分挖掘样本所包含的信息，采用交叉验证法将样本轮流分为训练、测试样本对 RVM 进行训练。

（4）在细观参数标定过程中，QGA 会构造出新的细观参数组合，其相应的宏观本构模型参数将由 RVM 计算得到，并与真实的宏观本构模型参数相比较，作为该组细观参数的适应度。若适应度优于当前最优适应度，则更新细观参数组合和适应度，完成最优染色体更新，否则直接进入下一步。

（5）判断 QGA 是否达到最大迭代次数，若无则重复步骤（4），否则输出最优细观参数组合及其适应度，作为离散元细观参数的标定结果。

根据上述计算步骤，编写的相应计算程序能够实现细观参数生成、离散元批量计算、宏观参数计算、机器学习训练、细观参数标定等过程的自动化计算，在提高数据处理效率的同时减少了人为误差的几率。首先，相应程序代码生成细观参数样本，后通过 Python 代码实现离散元软件的批量计算，以获得各组细观参数组合的多个围压下三轴试验结果；随后，通过代码程序计算不同细观参数组合对应的 E - B 本构模型参数，完成训练样本构造；最后，通过代码程序建立 QGA - RVM 标定模型，完成细观参数标定。此外，由于 RVM 和 QGA 算法参数相对固定，所建立的细观参数标定模型能够自动适应围压、试样、宏细观模型等条件的变化，其参数及其变化范围见表 3.4。

表 3.4   QGA-RVM 参数及其变化范围

QGA 参数取值		RVM 核参数变化范围	
参数	取值	参数	范围
种群数量	40	c	[0.1, 100]
交叉概率	0.6	η	[0.01, 10]
变异概率	0.8	p	[1, 10]
最大迭代次数	5000	d	[1, 3]
粒子群种群规模	5	h	[0, 1]

3.4.2 基于宏观参数的细观参数标定模型应用实例

3.4.2.1 工程背景及离散元模型建立

为方便对比研究，本节根据依旧采用邵磊等[65,66,227]提供的苏家河口水电站堆石料相关数据，建立堆石料离散元三轴试验模型，堆石料粒径级配曲线如图 3.3 所示。堆石料室内三轴试验曲线以及邵磊等[65,66,227]的离散元拟合曲线如图 3.17（a）、（b），本次离散元三轴试验模拟将对 0.4MPa、0.8MPa、1.2MPa 和 1.6MPa 四个围压进行计算，如图 3.17（c）、（d）所示。

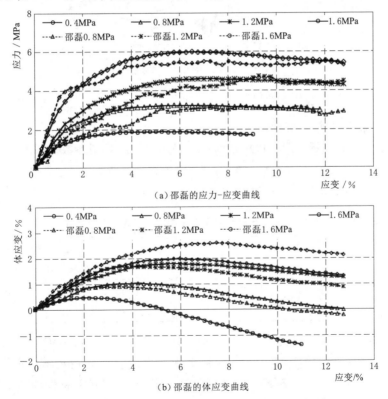

（a）邵磊的应力-应变曲线

（b）邵磊的体应变曲线

图 3.17（一） 堆石料室内试验、邵磊等[65,66,227]离散元模拟、标定后的离散元模拟结果对比

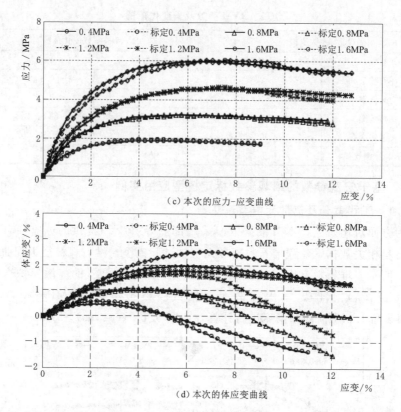

（c）本次的应力-应变曲线

（d）本次的体应变曲线

图 3.17（二） 堆石料室内试验、邵磊等[65,66,227]离散元模拟、标定后的离散元模拟结果对比

3.4.2.2 细观参数标定

根据 3.2 节分析，确定待标定的堆石料细观接触模型参数包括 k_n、k_s、μ、b_n、b_s 共 5 个参数，参与标定计算的宏观本构模型参数为 φ_0、$\Delta\varphi$、R_f、K_i、n、K_b、m_b 共 7 个参数。综合分析相关研究，拟定细观参数取值范围见表 3.5。

表 3.5 多围压案例中堆石料离散元细观参数取值范围及标定结果

项　目	刚度模型		滑动模型	黏结模型	
	k_n/(MN/m)	k_s/(MN/m)	μ	b_n/kN	b_s/kN
取值范围	[0.1, 50]	[0.1, 50]	[0.01, 0.50]	[0.1, 50]	[0.1, 50]
标定结果	3.52	2.61	0.09	2.25	1.67

在明确待标定参数及其范围后，构建训练样本用于训练 RVM。在细观参数取值范围内，采用 LHS 构建 80 组细观参数组合，利用离散元软件计算 0.4MPa、0.8MPa、1.2MPa 和 1.6MPa 4 个围压下的变形特性曲线。随后，计算 80 组细观参数组合对应的 80 组宏观本构模型参数，并将宏细观参数归一

化至 0.1～0.9 范围内，完成 80 组训练样本构建；将 5 个细观参数、7 个宏观本构模型参数分别作为输入、输出数据，采用 80 组样本训练 RVM，当 RVM 混合核核参数为 $c=0.68$、$\eta=0.33$、$p=0.83$、$d=2.23$、$h=2.70$ 时，其性能达到最佳状态，共选中 9 个样本作为相关向量。

关于训练样本的拟合情况，560 个输出数据的平均误差为 0.012，对于每个宏观本构模型参数，其 80 组样本拟合误差统计如图 3.18 所示。由图可知，RVM 拟合值与实际宏观本构模型参数值的误差分布接近均值为 0 的正态分布，多数宏观本构模型参数的误差集中于 $-0.1\sim0.1$ 范围内。破坏比 R_f 与初始摩擦角 φ_0 的拟合效果稍差，其误差分布在较大范围内，仍能够满足计算要求。

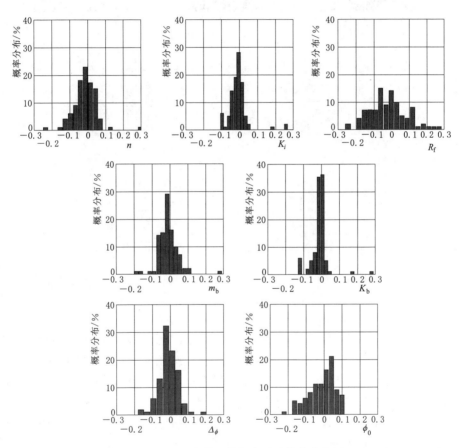

图 3.18   560 个输出值拟合误差分布直方图

此外，相较于 SVM 等其他机器学习方法，RVM 不仅能够得出预测值的均值，还能够计算出预测值的方差。据此，建立了训练样本中 560 个输出数据的置信区间，对于每一个宏观本构模型参数，其 80 组样本拟合值与置信区间的关系如图 3.19 所示。由图可知，554 个 RVM 拟合值位于在置信水平 99.8％置信区间内，仅有 6 个拟合值超出该范围，并且 RVM 的拟合值主要集中在置信水平 68.2％的置信区间内。上述误差分析表明：RVM 对训练数据的拟合精度较高，较好地建立起了堆石料宏细观参数间的关系，能够代替离散元进行堆石料宏观参数的计算。

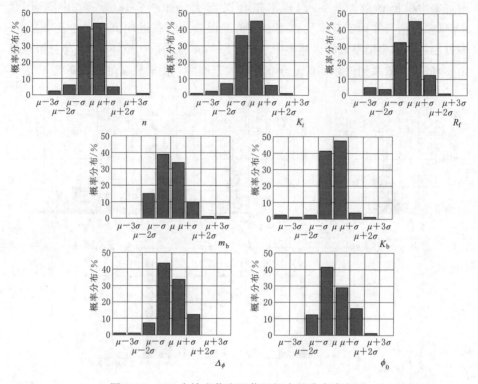

图 3.19　560 个输出值在置信区间内的分布直方图

当 RVM 训练完成后，根据标定模型的目标函数，发挥 RVM 快速计算宏观本构模型参数的能力，采用 QGA 进行 1000 次标定计算，最终得到堆石料的细观参数标定结果见表 3.5。E-B 本构模型参数作为标定依据，其与真实值的误差是判断堆石料细观参数标定正确与否的重要参考量，将根据室内三轴试验、邵磊三轴试验模拟、QGA-RVM 计算值和离散元正算标定值的 E-B 本构模型参数统计在表 3.6 中。由表 3.6 可知：①QGA-RVM 计算值与离散元正算值十分接近，表明 RVM 模型得到了较好的训练，建立起了堆石料宏细观参数间的关系；②与室内三轴试验相比，QGA-RVM 计算的 E-B 本构模型参数存在一定的误差，表明离散元三轴试验模拟与室内三轴试验仍有一定差距，其主要原因为：离散元中堆石料的破碎模拟与真实情况存在差距，尤其是在高围压下差距更为明显；③与室内三轴试验相比，邵磊模拟曲线计算出的 E-B 本构模型参数误差较大，其主要原因是邵磊模拟出的应力应变曲线在初始阶段存在明显的误差，导致与初始弹性模量相关的 n、K_i 参数误差较大。通过上述分析，本节根据堆石料本构模型参数对细观参数进行标定的方法切实可行，其对堆石料三轴试验的模拟效果明显优于试错法，在细观参数标定方面取得了较好效果。同时，在高围压下离散元三轴试验模拟与实际情况仍存在一定差距，应进一步精细化模拟堆石料破碎情况。

表 3.6　　　　　　　　不同三轴试验下的堆石料 E-B 本构模型参数

计算依据	室内三轴试验	邵磊三轴模拟	QGA-RVM 计算值	离散元三轴试验正算
n	0.43	2.22	0.66	0.65
K_i	1480.76	14.87	1478.80	1405.30
R_f	0.80	0.81	0.92	0.87
m_b	0.01	0.14	0.06	0.06
K_b	1010.39	636.65	815.51	836.98
$\Delta\varphi$	6.34	7.60	6.41	6.17
φ_0	47.95	48.84	47.00	48.24

　　根据细观参数标定结果，采用离散元正算堆石料的变形特性曲线如图 3.17 （c）、（d）所示。由图 3.17 可知，对于应力-应变曲线：①相对于邵磊模拟的曲线，本次三轴试验模拟精度有明显提高，因此所标定的细观参数更为合理、准确；②在 0.4MPa、0.8MPa 和 1.2MPa 的围压下，离散元模拟的应力-应变曲线与室内三轴试验吻合度较高。若每间隔 0.25% 轴向应变提取一次应力值，则三个围压下应力-应变曲线的 MAE 分别为 0.04MPa、0.07MPa、0.13MPa。但当围压为 1.6MPa 时，应力-应变曲线误差为 0.21MPa，吻合效果较差，主要是由于离散元三轴试验对于堆石料破碎的模拟与实际情况仍有一定差距，在高围压下破碎模拟造成的误差被进一步放大，导致应力-应变曲线的前、后部出现波动。对于体应变曲线，0.4MPa、0.8MPa 和 1.2MPa 围压下体应变曲线的前部、峰值拟合效果较好，但对曲线后部及 1.6MPa 围压下的体应变曲线拟合效果较差，体应变峰值相差 0.58%，其可能原因为：①E-B 本构模型仅根据应力水平为 0.7 的一个体应变值点计算体应变模量，无法反映堆石料体应变整体及后期剪胀等情况，导致 RVM 虽能拟合体应变参数 m_b、K_b，但对体应变曲线的整体变化情况缺乏训练；②体应变曲线峰值后的剪胀效果较室内三轴试验更为明显，可能是由于堆石料破碎模拟与实际情况存在差距造成。综上所述，标定后的离散元三轴试验模拟效果得到明显提升，较好地重现了堆石料在三轴试验中的力学特性，细观参数标定模型效果良好。

本节针对堆石料离散元三轴试验模拟中存在的细观参数标定精度差等问题，采用学习能力更强的 RVM 方法建立堆石料宏细观参数间的关系，实现了基于宏观本构模型参数的堆石料离散元细观参数标定。首先，利用 LHS 构建堆石料细观接触模型参数组合，并根据多个围压下的模拟结果确定相应的宏观 E－B 本构模型参数；随后，将堆石料的细观接触模型参数、宏观本构模型参数分别作为训练样本的输入、输出数据对 RVM 进行训练，使其能够模拟堆石料宏细观参数间的复杂非线性关系；然后，依据室内三轴试验得出的宏观本构模型参数，发挥 RVM 代替离散元后实现快速计算得到宏观本构模型参数的能力，利用 QGA 算法标定堆石料细观接触模型参数。最后，通过对某堆石坝的主堆石料进行细观参数标定，验证了标定细观参数的合理性。因此，基于宏观本构模型参数的 QGA－RVM 标定模型能够准确、合理地确定细观接触模型参数，使离散元细观参数确定更具有依据，为离散元的细观参数提供一种高效、准确地标定方法。

3.5　堆石料三轴试验细观机理分析

为进一步掌握堆石料的物理力学特性，基于上述细观参数标定方法获得的堆石料细观参数，开展堆石料三轴试验的细观机理分析，从堆石料破碎、细观组构等角度定性、定量分析堆石料在三轴试验过程中的演化规律。

3.5.1　堆石料破裂特性分析

当试件轴向应变超过 12.5％时，可认为试件已经发生破坏并停止加载，图 3.20 为 1.6MPa 围压下试件停止加载时的特征。

在三轴试件中，块石间的接触会形成强弱不同的力链，并充满于整个三轴试样中，如图 3.20（a）所示。其中弱力链数量多，且在颗粒体系内均匀分布；强力链数量少，非均匀分布于颗粒内部，并支撑着整个体系所受的荷

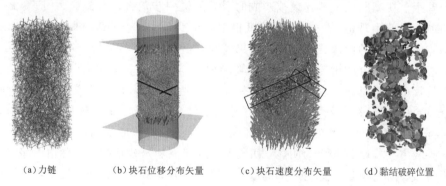

（a）力链　　　（b）块石位移分布矢量　　　（c）块石速度分布矢量　　　（d）黏结破碎位置

图 3.20　1.6MPa 围压下的堆石料在 12.5％轴向应变时的特征

载[244]。块石位移矢量如图 3.20（b）所示，试件两端的块石位移矢量分布较为密集且竖直指向试件中部，而试件中部块石的位移矢量沿径向指向两侧，试样潜在剪切带较为明显。此时试件受到的轴向压力远大于侧向围压，块石更易在潜在的剪切面上发生向两侧的径向运动。块石速度矢量如图 3.20（c）所示，试件顶部和底部块石的速度指向试件中部，试件中部块石的速度向两侧溢出，且上下部分速度大，中间部分速度小，易于形成潜在的剪切面。块石破碎位置如图 3.20（d）所示，在本次模拟的堆石料三轴试验模拟中，块石破碎主要集中于两端的加压板附近，中部块石破碎相对较少。

作为是堆石料的重要性质，破碎会引起的堆石料级配发生变化，从而改变试样的受力体系，使堆石料的力学特性发生明显改变。对于大粒径堆石料，本书采用 cluster 形式进行模拟，因此可通过分析其在压缩过程中的黏结破坏情况，进而获得堆石料的破碎过程。在三轴试验压缩过程中，随着轴向压力的不断增大，块石间的作用力也表现出明显的增加趋势，当法向或切向作用力大于相应黏结强度时，黏结键发生断裂，现实表现为块石的破碎。图 3.21 为不同围压下离散元试件中黏结破坏过程。

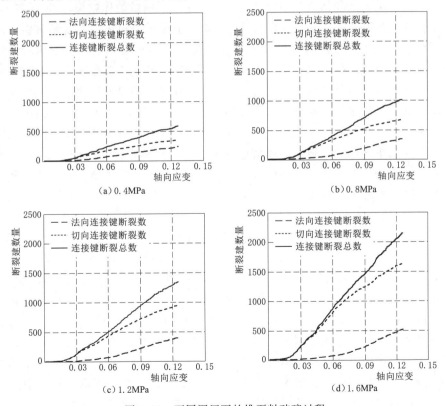

图 3.21 不同围压下的堆石料破碎过程

由图 3.21 可知：①在同一围压下，正向、切向和总键的破坏数量随着轴向应变的增大而逐渐增加，且增长率基本保持稳定；②随着围压的不断增大，正向、切向和总黏结键的破坏数量均会有明显的增加，且切向黏结键的断裂数量、增长率明显大于正向黏结键，表明本次堆石料以剪切破坏为主、压缩破坏为辅，与傅志安[184]认为堆石料的破坏形态主要表现为堆石块受剪破碎、后沿着分界面产生滑移相一致；③在不同围压下，切向破碎均起始于 1.8％轴向应变，法向破碎均起始于 3％轴向应变，表明块石的剪切破碎先于压缩破坏发生。堆石料的破碎性质对其材料物理力学影响较大，精确的模拟堆石料破碎是获得准确其力学性质的前提，因此应进一步提高堆石料破碎模拟技术。

3.5.2   堆石料细观组构特性的定性与定量分析

在完成堆石料细观参数标定的基础上，分析堆石料试件的三维细观组构变化，揭示不同围压下的堆石料变形机理，并进一步验证细观参数标定的正确性。组构是对颗粒集合体的组成、几何排列方式及孔隙等特征的描述，通过配位数、颗粒定向、颗粒间接触方向、颗粒间平均接触力等内容研究颗粒的空间排列、颗粒间的相互作用[245,246]。

目前，关于散粒体细观组构研究多集中于二维的散粒体结构，Zhou 等[247]和 Ngo 等[248]尝试对三维结构开展组构分析，但关于散粒体的三维细观组构定量描述、变化规律分析的研究少见。从细观角度揭示堆石料的变形机理，定性、定量分析其组构变化规律，对掌握堆石料材料物理力学性质、提升其工程应用水平等均具有重要的意义。为此，本节基于 3.4 节堆石料离散元三轴试验细观参数标定结果，着重分析试件在不同围压、不同轴向应变下的法向、切向接触力变化规律及其细观变化机理。为便于可视化与定量分析，将三维接触信息转换至二维坐标中，根据接触信息的球坐标方位角将球体等分为 36 份，分别在 0～π、π～2π 方位角内将接触信息进行平均，后根据接触信息的球坐标仰角计算出二维极坐标统计分布情况。

3.5.2.1   接触方向演化规律分析

为分析离散元三轴试验过程中接触方向的演化规律，分别进行 0.4MPa、0.8MPa、1.2MPa 和 1.6MPa 围压下的离散元三轴压缩试验，并统计其在 2％、8％和 12％等关键轴向应变时的堆石料接触方向，如图 3.22 中浅色线条所示，由图可知：①"花生形"的接触方向分布图由二维分析中的竖直向转变为三维分析中的水平向，这是由于三轴试件的高度明显大于其直径，沿径向的块石接触方向数量远多于沿压力主轴的接触方向数量，相较于二维离散元模拟，三维离散元三轴试验模拟将更加全面、真实地将沿径向方向的接触全部统计在内，使接触方向分布图表现为水平向"花生形"；②在不同围压、轴向应变时，堆石料内接触方向基本保持稳定，平行于压力主轴方向的接触较少，沿径向方向的接触较多；③三轴压缩过程中伴随着接触断裂、新接触的生成，但由于其占接触总量的比例较小，因此不同围压、轴向应变下的堆石料接触方向分布图变化不明显。

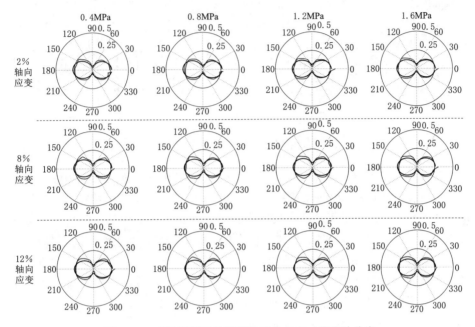

图 3.22　不同围压下的堆石料接触方向二维统计分布

为定量描述颗粒的各向异性特征，Bathurst 和 Rothenburg[249,250]推导了接触方向分布与组构张量的关系，并采用二阶傅里叶展开公式进行拟合与定量分析，其分布函数 $E(\theta)$ 为

$$E(\theta)=\frac{1}{2\pi}\{1+\alpha_a\cos[2(\theta-\theta_a)]\} \tag{3.9}$$

式中：α_a 为接触方向的傅里叶拟合系数；θ_a 为接触方向的各向异性主方向。

在 0.4MPa、0.8MPa、1.2MPa 和 1.6MPa 围压下，离散元三轴试验的接触方向拟合如图 3.22 中的深色线段所示，其组构参数变化如图 3.23 所示，由图 3.23 可知：①傅里叶拟合系数 α_a 表征了接触方向的各向异性程度，虽然试件内部的接触方向变化不显著，但其展现出了随着轴向压力增大而逐步减小并趋于稳定的规律性；②接触方向的各向异性主方向 θ_a 虽然处于不断调整中，但其变化幅度较小，与水平方向十分接近。

3.5.2.2　法向接触力演化规律分析

为分析堆石料三轴试验过程中法向接触力的演化规律，分别从不同轴向应变、不同围压两个角度进行分析。为分析同一围压下，不同轴向应变的堆石料

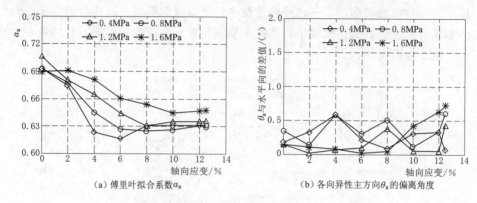

（a）傅里叶拟合系数α_a （b）各向异性主方向θ_a的偏离角度

图 3.23 不同围压下堆石料接触方向组构参数变化

法向接触力演化规律，以 1.6MPa 围压为例，堆石料平均法向接触力的二维统计分布如图 3.24 中浅色线条所示，由图 3.24 可知：在试验初始时刻，即轴向应变为 0% 时，试件的平均法向接触力分布表现接近各向同性；随后，当轴向应变从 2% 时增加至 6% 时，平均法向接触力随着轴向压力的增加而明显增加，且其各向异性特征更加明显，平均法向接触力的极坐标图形沿轴向压力方向拉长，逐步呈现出"花生形"；当轴向应变达到 8% 及以后，平均法向接触力虽有一定波动、调整，但其平均法向接触力数值、方向基本保持稳定。

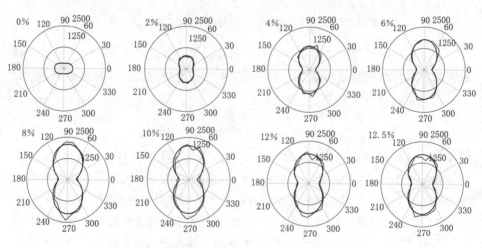

图 3.24 1.6MPa 围压下的堆石料平均法向接触力二维统计分布

为分析不同围压下的堆石料法向接触力演化规律，分别进行 0.4MPa、0.8MPa、1.2MPa 和 1.6MPa 围压下的离散元三轴压缩试验，其在 2%、8% 和 12% 等关键轴向应变的平均法向接触力分布如图 3.25 中浅色线条所示，由图 3.25 可知：①对于各围压，其在同一围压下的平均法向接触力变化符合前述分析规律；②对于同一轴向应变，其各方向的平均法向接触力均随着围压的增大而明显增加，表现为分布图的"花生形"逐步放大且更加明朗，与常规认识相符。

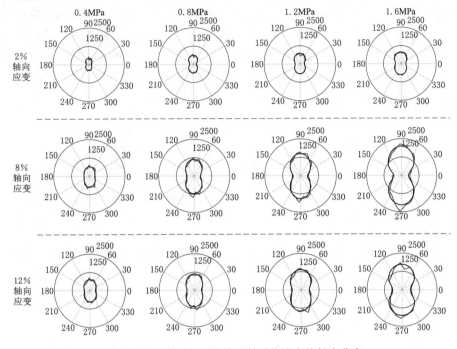

图 3.25　不同围压下的堆石料平均法向接触力分布

为定量描述颗粒的各向异性特征，Bathurst 等[249]推导了法向接触力分布与组构张量的关系，并采用二阶傅里叶展开公式进行法向接触力分布的拟合与定量分析，得平均法向接触力分布函数 $f_n(\theta)$ 为

$$f_n(\theta) = f_{0n}\{1 + \alpha_n \cos[2(\theta - \theta_n)]\} \tag{3.10}$$

式中：f_{0n} 为平均法向接触力；α_n 为法向接触力的傅里叶拟合系数；θ_n 为法向接触力的各向异性主方向。

在 0.4MPa、0.8MPa、1.2MPa 和 1.6MPa 围压下，离散元三轴试验的法向接触力拟合如图 3.24 和图 3.25 中的深色线段所示，其组构参数变化如图 3.26 所示，由图 3.26 可知：①平均法向接触力随轴向压力的增加逐渐增大，在三轴试验后期，平均法向接触力基本保持不变或出现略微的下降，同时，不同围压下的平均法向接触力演化曲线基本保持平行；②傅里叶拟合系数 α_n 表征了平均法向接触力的各向异性程度，在试验初期，试件内部的平均法向接触力随着轴向压力增大而不断调整，且在轴向压力方向上不断增大，造成试件各向异性程度增加；当轴向应力达到峰值附近时，平均法向接触力的各向异性程度基本保持稳定；在加压后期，堆石料颗粒不断发生破碎，试件内部结构频繁调整，使沿径向的法向接触力有所增加、沿轴向的法向接触力有所减小，整体表现为试件各向异性程度减小；在三轴试验的中期及后期，不同围压下的傅里叶拟合系数曲线基本保持平行；③在中高围压下，平均法向接触力的各向异性主方向 θ_n 不断调整，且随轴向应变的增加逐步向加轴向压力方向靠近，其偏离角度不断减少，在曲线的中后期保持相对稳定；对于低围压，平均法向接触力的各向异性主方向 θ_n 与加压主方向的偏离角度虽处于不断调整、波动中，但呈现出逐渐减小的趋势。

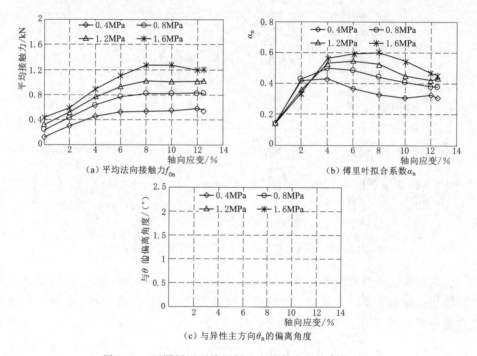

（a）平均法向接触力 f_{0n}　　　　（b）傅里叶拟合系数 α_n

（c）与异性主方向 θ_n 的偏离角度

图 3.26　不同围压下堆石料法向接触力组构参数变化

3.5.2.3　切向接触力演化规律分析

为分析同一围压下的切向接触演化规律，以 1.6MPa 围压为例，堆石料平均切向接触力的二维统计分布如图 3.27 中浅色线条所示，由图 3.27 可知：在试验初始时刻，即轴向应变为 0 时，试件的平均切向接触力分布表现接近各向同性，其沿轴向的平均切向接触力较小；随后，当轴向应变从 2% 时增加至 8% 时，平均切向接触力随着轴向压力的增加而增加，但其轴向的平均切向接触力仍较小，其各向异性特征表现更加明显；当轴向应变达到 8% 及以后，平均切向接触力虽有一定波动、调整，但其方向基本保持稳定。

为分析不同围压下的切向接触力演化规律，分别进行 0.4MPa、0.8MPa、

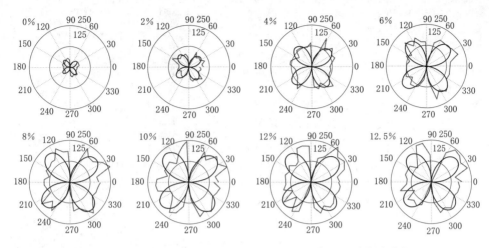

图 3.27　1.6MPa围压下的堆石料平均切向接触力二维统计分布

1.2MPa和1.6MPa围压下的离散元三轴压缩试验，其在2‰、8‰和12‰等关键轴向应变的堆石料平均切向接触力分布如图3.28中浅色线条所示，由图3.28可知：①在同一围压下，平均切向接触力的变化符合前述分析规律；②对于同一轴向应变时的不同围压情况，其各方向的平均切向接触力随着围压的增大而明显增加。

　　为定量描述颗粒系统的各向异性特征，采用Bathurst等[249]推导的切向接触力与组构张量的关系，并采用二阶傅里叶展开公式进行切向接触力分布的拟合与定量分析，平均切向接触力分布函数$f_s(\theta)$为

$$f_s(\theta) = f_{0s}\alpha_s \sin[2(\theta - \theta_s)] \tag{3.11}$$

式中：f_{0s}为平均切向接触力；α_s为切向接触力的傅里叶拟合系数；θ_s为切向接触力的各向异性主方向。

　　分别进行0.4MPa、0.8MPa、1.2MPa和1.6MPa围压下的离散元三轴压缩试验，试件的切向接触力拟合如图3.27和图3.28中的深色线段所示，其组构参数演化如图3.29所示，由图3.29可知：①平均切向接触力随轴向压力逐渐增大，在三轴试验后期平均切向接触力保持不变或略有下降，同时，不同围压下的平均切向接触力曲线基本保持平行；②傅里叶拟合系数α_s表征了平均切向接触力的各向异性程度，不同于平均法向接触力，平均切向接触力的各向异性程度的变化不明显，这是由于在三轴试验压缩过程中，在较高轴向压力的作用下，沿轴向的平均切向接触力始终维持在较低水平，而其他方向的受较低围压的作用，其平均切向接触力在块石不断发生咬合、破碎、调整、再咬合的过程中始终维持在较高水平，使试件的各向异性程度无明显规律性变化；③平均切向接触力的各向异性主方向θ_s不断调整，且随轴向应变的增加，其与试

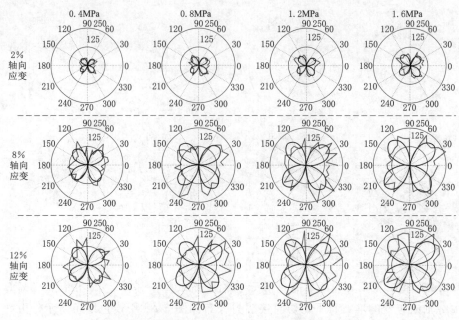

图 3.28　不同围压下的堆石料平均切向接触力分布

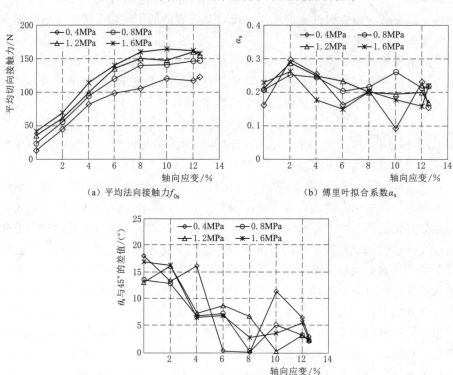

（a）平均法向接触力f_{0s}

（b）傅里叶拟合系数α_s

（c）θ_s与45°的偏离角度

图 3.29　不同围压下堆石料法向接触力组构参数演化

件 45°方向的偏离角度先不断减少再表现为波动；在轴向应变增加至 6% 前，在轴向压力与围压的作用下，试样内块石不断调整，其平均切向接触力的分布主轴快速向试样 45°方向靠近；在轴向应变超过 8% 后，平均切向接触力的分布主轴在试样 45°方向附近处于不断调整、波动中。

相较于堆石料三轴试验的二维离散元模拟，三维离散元模拟更加真实、全面地反映试件内部块石细观特性变化情况，其将沿径向方向的接触全部统计在内，因此其接触分布图、细观参数变化规律与二维分析可能存在细小差别。上述堆石料细观组构的定性与定量分析与堆石料室内三轴试验的基本认识相吻合，从侧面证明了 3.4 节所标定细观参数的正确性，因此基于宏观本构模型参数的堆石料细观参数标定方法是切实可行的。同时，通过上述分析可知，堆石料的破碎对高围压下的堆石料变形特性有着明显的影响，应进一步开展堆石料颗粒的破碎机理及模拟方法研究。

3.6　本章小结

本章主要结论如下：

（1）根据堆石料的材料特性，有针对性的构建了可模拟块石破裂的堆石料离散元三轴试验模型。随后，采用定量控制法分析并汇总了堆石料细观参数对变形特性曲线的影响，并分析了堆石料应力-应变曲线、体应变曲线、黏结破坏曲线间的关联，结果表明颗粒破碎与堆石料试件的宏观力学表现存在着密切的联系。

（2）针对离散元细观参数标定困难的问题，采用机器学习理论搭建了基于应力-应变曲线的 QGA-SVM 离散元细观参数标定模型、基于材料宏观本构模型参数的 QGA-RVM 离散元细观参数标定模型。随后，从参数拟合值误差分布、拟合值与置信区间分布关系以及正算细观参数等角度分析了标定结果，结果表明标定后的离散元三轴试验模拟效果得到明显提升，能够较好地重现堆石料在三轴试验中的力学特性变化，并且认为应进一步开展堆石料颗粒的破碎机理及模拟方法研究。

（3）从颗粒破碎、细观组构等角度定性、定量分析了堆石料在三轴试验过程中的演化规律。通过研究接触方向、平均法向接触力、平均切向接触力的组构参数在不同围压、轴向压缩过程中的演化规律，结果表明其与堆石料室内三轴试验的基本认识规律相吻合，从侧面证明了本书所标定细观参数的合理性及标定方法的可行性。

第 4 章

基于结构监测数据的堆石料
细观接触模型参数标定

在工程领域中，了解与掌握建筑材料的力学特性，是设计与研究人员开展各类工程设计、解决工程难题和突破建设瓶颈的重要前提和出发点。通常，土工试验和数值模拟是研究建筑材料力学特性的主要方法，其中数值模拟根据其基本假定又可分为连续和非连续数值模拟。作为最直接、最接近工程实际的研究手段，土工试验为工程设计、研究提供了大量基础性数据，但受限于试验原理、试验环境、试验费用等因素，目前常规的三轴试验难以全面、准确、真实地反映堆石料力学特性。

工程结构响应是结构在各类自然环境、人为作用等影响因素下，工程最真实、综合、客观的表现，因此通过安全监测获得的结构响应能够较为真实地反映建筑材料宏观细观特性。由于材料细观与宏观乃至工程尺度间存在着跨越尺度的变化，因此不同尺度间的模型参数、结构响应存在着复杂的非线性关系。在常规分析中，能够通过采用离散元等非连续数值仿真方法、有限元等连续数值仿真方法实现细观与宏观、宏观与工程尺度的跨越，但由于其计算工作量大，难以适用于标定、反分析等需多次迭代完成的任务。因此，针对堆石料离散元三轴试验中存在的细观参数标定困难问题，依据最能直接反映材料特性的工程尺度监测数据，尝试建立基于 QGA 和 RVM 的堆石料细观参数标定模型。本节将以结构安全监测数据为研究对象，首次建立了结构变形监测数据与堆石料细观参数间的联系，以期为材料的细观参数标定提供新方法，也为开展建筑材料的离散元细观机理研究与工程实际应用奠定基础。

4.1 基于结构监测数据的细观参数标定模型

4.1.1 基于结构监测数据的标定模型可行性

通过 1.4 节分析可知，对于建筑材料，能够通过连续、非连续数值仿真方法实现细观尺度、宏观尺度以及工程尺度的跨越，并分析建筑材料在上述各尺度下的材料性质。因此，当数值模拟方法及其基本假定确定后，对于同一种建筑材料，其细观接触模型参数、宏观本构模型参数以及工程特征表现间必然存在关联。通过绪论章节分析可知，由于工程在设计、施工、建设中存在诸多不确定性因素，致使堆石料宏细观参数以及工程特征表现间存在着复杂的非线性关系。针对上述问题，在第2章、第3章中，已采用机器学习方法分别建立了工程结构变形测值与宏观本构模型参数间、宏观本构模型参数与细观接触模型参数间的关系，为进一步构建工程结构变形测值与细观接触模型参数间的非线性关系奠定了坚实的基础。因此，尝试采用机器学习方法建立工程结构变形测值与细观接触模型参数间的关系，使堆石料细观参数的标定依据更加坚实，并在此基础上开展堆石料材料特性及其工程应用研究。

4.1.2　基于结构监测数据的标定模型目标函数

在上述算法原理的基础上，采用 RVM 和 QGA 建立基于结构监测数据的堆石料细观参数标定模型。在细观参数标定过程中，目标函数对标定计算具有方向指导性作用，同时也是搜索算法中适应度的计算方法。应依据观测变量的具体统计特征定义，设定目标函数的范数形式。考虑到工程安全监测过程中，监测值的误差通常服从正态分布，目标函数应采用欧几里得平方范数。为更直观地表现适应度，本次标定模型的目标函数 $S_{\text{MO-MI}}$ 是将欧几里得平方范数除以监测点个数：

$$S_{\text{MO-MI}}(k_{n}, k_{s}, \mu, b_{n}, b_{s}) = \min\left\{\frac{1}{q}\sum_{j=1}^{q}\left(\text{RVM}_{j}(k_{n}, k_{s}, \mu, b_{n}, b_{s}) - \text{TrueMon}_{j}\right)^{2}\right\}$$

式中：q 仍为输出变量个数，即测点个数；TrueMon_{j} 为第 j 个测点的位移实测值。

本目标函数同样适用于其他细观接触模型的参数标定问题。

4.1.3　基于结构监测数据的标定模型构造

基于结构监测数据，采用 QGA – RVM 标定堆石料细观参数的方法由三部分组成：堆石料多尺度数据样本准备、RVM 训练和 QGA 标定细观参数，其流程如图 4.1 所示。

在标定模型中：①样本准备阶段，在 LHS 生成细观参数的基础上，先后采用离散元、有限元数值仿真方法，依次计算得到堆石料的变形特性曲线、宏观本构模型参数以及工程尺度的变形计算值，由此建立多组堆石料细观接触模型参数与相应工程尺度变形值的样本；②通过 RVM 训练建立细观接触模型参数与工程尺度变形间的跨尺度关系，实现根据细观接触模型参数快速计算工程尺度变形的能力，从而代替耗时的离散元、有限元计算及数据处理过程；③根据工程中建筑物的实测变形值，采用 QGA 搜索使结构变形计算值与实测值的

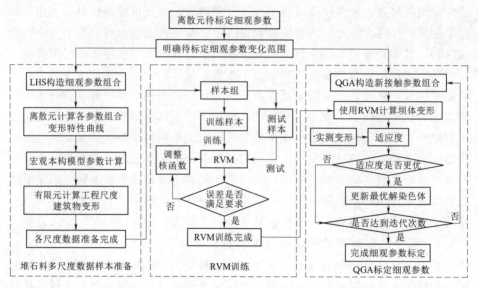

图 4.1　基于 QGA－RVM 的堆石料细观参数标定模型流程

误差达到最小，由此实现堆石料离散元细观参数的标定。基于结构变形监测的堆石料细观参数标定方法详细步骤如下：

（1）确定待标定的离散元细观参数及其取值范围。

（2）在细观参数取值范围内，采用 LHS 构建多组细观参数组合。针对各组细观参数，采用离散元三轴试验计算相应的多围压下堆石料应力-应变曲线、体应变曲线，随后依据变形特性曲线计算出堆石料宏观本构模型参数。在此基础上，建立工程尺度的有限元模型，采用计算出的堆石料宏观本构模型参数，通过有限元计算获取相应监测点位置的变形计算值。

（3）归一化处理细观接触模型参数，以避免不同变量间因数量级差别对计算结果造成影响，随后将细观接触模型参数、结构变形计算值分别作为训练样本的输入、输出变量，由此完成训练样本组的构建。

（4）通过优化 RVM 的混合核参数，使训练后的 RVM 达到最佳计算效果。为充分挖掘训练样本信息，在训练过程中采用交叉验证法将样本轮流分为训练样本、测试样本。

（5）在堆石料细观参数标定过程中，QGA 会构造出新的细观参数组合，采用 RVM 计算代替离散元、有限元计算获得相应的结构变形计算值。通过对比结构变形的计算值与实测值，作为该组细观参数的适应度。若适应度优于当前最优适应度，则更新染色体以保留该组细观参数组合，否则直接进入下一步。

（6）判断 QGA 搜索是否达到最大迭代次数，若无则重复步骤（5），否则输出当前最优的细观参数组合及其适应度，作为堆石料离散元细观参数的标定结果。

根据上述计算步骤可知，在细观参数标定过程中，先后涉及细观接触模型参数生成、离散元批量计算、宏观本构模型参数计算、有限元批量计算、机器学习训练、细观参数标定等多个计算环节，还存在着各环节的数据交换、互通的问题。为提高数据处理效率，并减少出现人为误差的几率，编写计算跨平台的软件，尽可能实现标定计算的自动化。首先，通过编写程序代码生成细观参数样本，后通过 Python 代码实现离散元的批量计算，获得不同细观参数组合对应的多围压下三轴试验结果；随后，通过编写程序代码计算不同细观参数组合对应的 E-B 本构模型参数，完成训练样本构建；其次，通过程序代码直接调用有限元软件计算，并采用 Fortran 语言输出有限元计算结果；最后，使用程序代码建立 QGA-RVM 标定模型，完成细观参数标定。在 QGA-RVM 标定模型中，混合核函数参数的变化范围见表 3.4。

4.2　基于结构监测数据的细观参数标定模型应用实例

为验证本细观参数标定模型的可行性，本书仍将以公伯峡堆石坝为例，通过收集设计阶段的堆石料级配曲线、E-B 本构模型参数以及运行期的安全监测数据，构建基于堆石坝结构监测数据的堆石料细观接触模型参数标定模型。公伯峡水电站的基本情况简介见 2.3.4 节。为验证细观参数标定模型可行性，本次仅对主堆石区 3BⅡ的堆石料进行细观参数标定，其位置与材料性质对大坝沉降变形的影响最为明显，其余分区的堆石料宏观本构模型参数采用试验值。为实现根据大坝监测数据的堆石料细观参数标定，需采用离散元、有限元等数值仿真方法，实现细观、宏观与工程尺度的跨越，为机器学习算法构建训练样本。

4.2.1　堆石料宏细观数值模型构建

为实现细观尺度到宏观尺度的跨越，建立了堆石料的离散元三轴试验模型，当给定堆石料细观接触模型参数时，能够通过离散元数值计算获得堆石料变形特性曲线，并得到相应的宏观本构模型参数。根据公伯峡工程存档资料，要求爆破后的堆石料级配在规定的级配包络线内，如图 4.2（a）所示，并据此确定了离散元模型级配曲线。为进一步提高堆石料的离散元模拟精度，建立了可模拟堆石料形状和破碎的三维离散元三轴试验模型，以尽可能模拟堆石料在室内三轴试验下的力学特征。根据图 4.2（a）中的粒径级配，采用挤压排斥法生成堆石料离散元三轴试验试件，试件尺寸为 $\phi 300 \times 650\text{mm}$，初始孔隙比为 0.35，共 11630 个球体，其中 cluster 颗粒簇包含 1054 个球体，公伯峡大坝主堆石区堆石料的离散元三轴试验模型如图 4.2（b）所示。颗粒间采用线性刚度模型，cluster 颗粒簇内部采用接触黏结模型。由伺服控制程序控制三轴试验的等压固结、加载，设定上下加载压盘的运动速度为 0.1m/s，以模拟试件的静力加载。为计算宏观本构模型参数，需计算不同围压下的堆石料材料力学特性曲线，本次离散元三轴试验共模拟 0.4MPa、0.8MPa、1.2MPa 和 1.6MPa 四组围压。

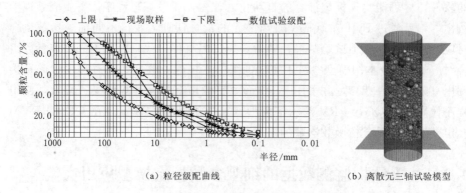

（a）粒径级配曲线 　　　　　　　　　　　（b）离散元三轴试验模型

图 4.2　公伯峡大坝主堆石区离散元三轴试验模型

为实现宏观尺度到工程尺度的跨越，建立了公伯峡面板堆石坝有限元模型，当给定堆石料宏观本构模型参数时，能够通过有限元模型数值计算获得堆石坝的变形特征。模型采用空间 8 节点等参单元，共计 2928 个单元、4527 个节点。模型考虑了坝体分期填筑、分期蓄水等环节，模型底部施加固定约束，两侧施加相应法向约束。

依托于上述公伯峡大坝的堆石料离散元、堆石坝有限元数值模型，依据公伯峡堆石坝的实测沉降值标定其主堆石区的细观参数值，基本过程如下：①公伯峡堆石料离散元细观参数取值范围见表 4.1，在该范围内通过 LHS 构建 80 组堆石料细观参数组合，随后采用离散元模型计算出不同围压下的堆石料变形特性曲线。据此计算出堆石料宏观本构模型参数值，随后采用有限元模型获取堆石坝特定位置的沉降值；②将堆石料细观参数作为输入数据，堆石坝沉降计算值作为输出数据，采用 QGA 优化确定混合核参数，使 RVM 计算性能达到最佳状态；③以沉降计算值与大坝沉降实测值的误差最小为目标，发挥 RVM 实现跨尺度快速计算沉降的能力，采用 QGA 标定堆石料细观参数。

表 4.1　　　　　　　公伯峡堆石料离散元细观参数取值范围

项目	刚度模型		滑动模型	黏结模型	
	$k_n/(MN/m)$	$k_s/(MN/m)$	μ	b_n/kN	b_s/kN
取值范围	[0.1, 50]	[0.1, 50]	[0.01, 0.50]	[0.1, 50]	[0.1, 50]
标定结果	7.48	5.62	0.65	29.42	30.28

4.2.2　堆石料细观参数标定结果分析

根据前文分析可知，由于堆石料渗透系数较大，不存在孔隙水压力消散问题，因此可假设当坝体建成蓄水、全部荷载施加完成后，坝体的瞬时变形已经完成（不考虑堆石料的流变性）。根据大坝蓄水完成时 ES2 测线的沉降监测数据，标定堆石料细观接触模型 k_n、k_s、μ、b_n、b_s 的 5 个参数取值，其计算结果见表 4.2。

为验证细观参数标定结果的正确性，通过对堆石料离散元细观参数进行正算，依次通过堆石料变形特性曲线、E-B 本构模型参数、堆石坝变形等方面分析标定结果正确性。采用标定后的细观接触模型参数，堆石料的离散元三轴试验曲线如图 4.3 所示，其中试验曲线由公伯峡大坝的 E-B 本构模型试验值与 2.3 节的反分析结果反推求出。

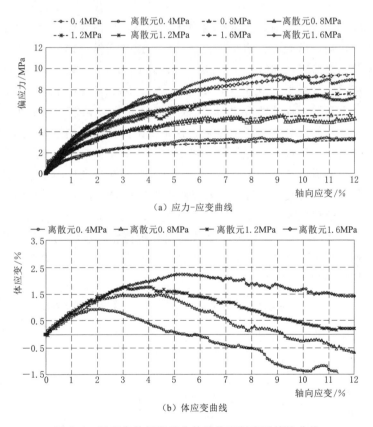

（a）应力-应变曲线

（b）体应变曲线

图 4.3　细观参数标定后公伯峡堆石料变形特性曲线

由图 4.3 可知，标定后的堆石料变形特性曲线与试验曲线基本吻合，对于 0.4MPa、0.8MPa、1.2MPa 和 1.6MPa 围压下的应力-应变曲线，若每间隔

0.1％轴向应变提取一个应力值，则四个围压下的 MAE 分别为 0.15MPa、0.21MPa、0.24MPa、0.39MPa。由于 E－B 本构模型的体应变推导仅考虑应力水平为 0.7 时的体应变值，因此无法通过 E－B 本构模型获得完整的体应变曲线，估测实际三轴试验的 0.7 应力水平应在 5％轴向应变处，其与离散元体应变曲线的关系如图 4.3（b）所示，可知：①离散元模拟的应力-应变曲线与宏观本构模型内含应力应变曲线基本相符，其在高围压、高应力状态时出现一定波动，主要是由于堆石料的破碎速度加快造成应力变化的不稳定；②对于体应变曲线，低围压下的体应变值与宏观本构模型计算值存在明显差距，主要是由于 E－B 本构模型未能全面反映体应变曲线全貌，导致 RVM 模型训练不到位。因此，细观参数标定后的堆石料变形特性曲线与宏观本构模型整体吻合较好，为后续准确计算 E－B 本构模型参数与堆石坝变形情况奠定了扎实的基础。

依据离散元计算所得变形特性曲线计算 E－B 本构模型参数值，并与公伯峡大坝主堆石料的试验值、反分析值对比，分析细观参数标定结果对宏观本构模型参数的影响，以验证标定结果的合理性。根据室内三轴试验、监测数据反分析、离散元变形特性曲线计算所得的堆石料 E－B 本构模型参数值见表 4.2，可知：①离散元计算的本构模型参数 φ_0、$\Delta\varphi$、R_f、K_i、n 值均有明显提高，这与图 4.3 中离散元模拟的应力-应变曲线略高相符。相较于试验值，离散元计算值与第 3 章的反分析值更为接近，这是由于反分析值更接近工程中堆石料的真实力学特性，且被用于标定目标函数中；②对于体应变参数 K_b、m_b，由于离散元模拟的低围压下体应变较低，使不同围压在相同应力水平下的体应变差值增大，造成体应变参数 m_b 取值明显增大。相较于试验值，离散元计算值与反分析值均使相同轴向应变下的体应变变化增大。通过上述分析可知，细观参数标定后的宏观 E－B 本构模型参数与反分析值相近度较高，进一步验证了堆石料细观参数标定结果的合理性与方法的可行性，为后续准确计算堆石坝变形奠定了扎实基础。

表 4.2　不同方法下获得的公伯峡主堆石区堆石料 E－B 本构模型参数值

离散元计算值		$\varphi_0/(°)$	$\Delta\phi/(°)$	K_i	R_f	n	K_b	m_b	K_{ur}
		59.2	9.3	1923.9	0.858	0.56	816.9	0.07	—
试验	计算值	53.6	6.0	950	0.842	0.31	800	0.03	3000
	变化率/％	10	55	103	2	81	2	133	—
反分析	计算值	56.0	—	1789.91	—	—	1163.99	—	—
	变化率/％	6	—	7	—	—	−30	—	—

利用离散元计算出的 E－B 本构模型参数，采用有限元方法计算堆石坝变形值，其在 ES2 测线的沉降值如图 4.4 所示。由图 4.4 可知，①基于标定后

的细观参数，正算出的大坝沉降值与实测值较为相似，且规律一致，较好地反映了堆石坝工程的变形特性；②由于标定后的堆石料应力-应变曲线略有提高、E-B本构模型中关于应力-应变的参数值略有增大，使标定后的堆石料质量略有提高，造成堆石坝的沉降正算值小于实测值；③RVM模拟值与两者较为相似，证明采用RVM代替离散元、有限元等数值模拟手段，实现跨尺度计算是可行的；④各计算值在堆石坝底部与上部拟合结果尤其好，这主要是由于这些测点布置在主堆石区外，受主堆石区材料参数变化的影响较小，在对RVM进行训练时其数值变化范围也相应较小。

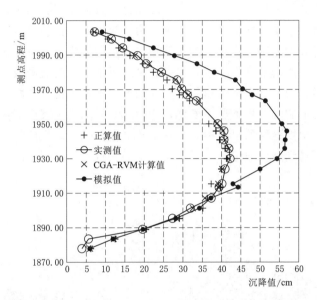

图 4.4　蓄水完成时 ES2 测线的实测沉降值与多种计算值对比

通过上述对变形特性曲线、E-B本构模型参数、大坝沉降值等方面的分析可知，基于工程尺度监测数据标定的堆石料细观参数值取得了较好的精度，能够根据工程尺度的结构响应情况对其建筑材料的细观参数进行标定，表明采用机器学习实现堆石料参数的跨尺度反分析是可行的。

4.3　基于细观参数标定的堆石坝离散元数值仿真研究初探

通过上述堆石料细观参数标定模型，实现了根据工程尺度结构的变形特性快速标定建筑材料细观尺度参数的目标，使细观参数的确定具有更坚实的工程依据，为进一步扩展离散元在工程中的应用提供了可能。作为堆石坝的主要建筑材料，堆石料的个体块石形状复杂多变、块石间多为点点或点面接触、总体表现出散粒体结构，是十分典型的非连续性介质。相较于传统的连续数值仿真方法，离散元以块体为研究对象，且能够模拟块石间的接触、摩擦、滚动、脱离等力学行为，堆石坝的材料特征与离散元的独特优势十分契合。因此，采用离散元模拟堆石坝结构特性在理论基础上具有明显优势，本节将尝试采用离散元方法对公伯峡面板堆石坝进行模拟。相较于离散元在细观机理以及对滑坡、边坡等自然对象的模拟研究中的应用，将其直接用于大坝等工程尺度的结构模拟中的相关研究相对较少，这主要是受限于当前离散元理论水平与计算机的计算能力。

通过 1.2.3 节分析可知，目前将离散元方法直接用于大坝工程尺度的数值模拟研究仍处于起步阶段，其基本假定、模拟尺寸、模拟技术以及模拟结果与实际工程仍有较大差距，存在细观参数标定、尺寸效应分析等众多问题。为解决离散元模拟应用的基础性难点，本章尝试通过堆石坝的监测数据标定了堆石料的细观参数，为验证离散元模拟堆石坝的可行性，根据公伯峡堆石坝的基本资料建立了公伯峡堆石坝离散元模型，如图 4.5 所示。为减小变量数目，着重验证离散元模拟堆石坝的可行性，在本次离散元模拟中，坝体材料全部采用主堆石区的堆石料细观参数值，混凝土面板采用平行黏结模型。

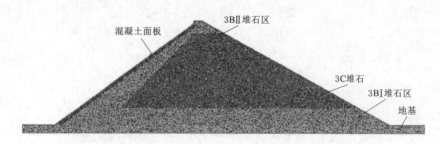

图 4.5 公伯峡堆石坝离散元模型

4.3.1 堆石坝离散元模拟的关键问题及其解决方案

不同于有限元数值模拟方法，受离散元基本假定与发展水平限制，在离散元初始模型生成、施工过程模拟、水荷载施加等方面出现了完全不同于有限元的模拟问题。为实现大坝的离散元模拟，必须解决这些问题，制订相应的离散元大坝模拟方法与策略。为此，本节对上述问题进行了探索，并提出了初步的解决方案，使采用离散元数值仿真方法模拟分析大坝性态成为可能。

4.3.1.1 堆石坝初始离散元模型的生成

由于要求初始试样在保证建筑物形态的同时，应尽可能使试样内部力链均匀，避免内部出现应力集中的情况，因此初始试样的生成一直是离散元建模的关键点与难点，本次将采用挤压排斥法生成堆石坝离散元模型。首先，在失重情况下生成初始颗粒，采用挤压排斥法在较大区域生成接触良好、排列紧密、重叠量较小的离散元初始平衡模型，如图4.6（a）所示；随后，根据公伯峡堆石坝的体型，在初始平衡模型的矩形区域内裁剪出大坝模型，作为大坝的离散元初始模型，如图4.6（b）所示。

（a）初始平衡模型

（b）堆石坝初始模型

图4.6　堆石坝离散元初始模型生成

4.3.1.2　施工过程的离散元模拟

在大坝施工过程模拟中，若一次完成全部加载，则默认每一部分的荷载由坝体整个结构承担，造成坝体的最大沉降值出现在坝顶。而实际施工中，大坝是逐级加载，其每部分的荷载只由其高度以下坝体来承担，其上未填筑坝体不受任何影响，因此坝顶的沉降值应接近0。因此，对大坝施工过程的逐级加载模拟与一次加载到坝顶模拟结果存在明显差异，在大坝的数值模拟中应对施工过程进行逐级加载模拟。

考虑到离散元模拟计算的准确性与可行性，针对上述问题，在离散元中通过逐级激活单元质量的方式实现大坝施工过程模拟，具体步骤如下：①在堆石坝初始模型生成后，将大坝在竖向方向上分为若干层，本次计算共分为14层，如图4.7所示；②为模拟大坝施工过程，且保证离散元计算的正常进行，前期将大坝内未填筑的块石重力调整为接近0的状态。由于离散元程序无法分别赋予不同的重力加速度值，因此对大坝离散元模型中未填筑的块石赋予接近于0的密度值；③在某层坝体施工模拟过程中，首先将当前施工层因下部坝体沉降所产生的变形值清0，随后将该层堆石料的密度值修改为堆石料的真实密度值，并进行循环计算使当前激活块石达到稳定状态，由此实现该堆石层的加载。重复上述步骤②，从坝基至坝顶逐级激活堆石层，实现堆石坝的施工过程模拟。通过上述步骤，在保证未激活堆石层与下层坝体保持变形协调的同时，使离散元模型中未施工的堆石层不受其下坝体变形的影响，较好地解决了离散元中大坝填筑过程模拟。

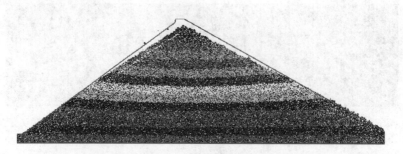

图 4.7　堆石坝离散元模型的逐级加载模拟

4.3.1.3　水荷载的离散元模拟

在离散元模型中，由于组成面板表面的颗粒排列并不规则，且单个颗粒与库水的接触面积难以准确确定，因此难以直接对面板颗粒组施加水荷载。针对上述问题，在面板前设置若干个墙体 Wall，近似将分布在墙体 Wall 的水压力以集中荷载的形式施加于墙体 Wall 上面，其基本原理如图 4.8 所示。随着划分的细致化与墙体 Wall 数量的增加，大坝水荷载的模拟将不断接近工程实际，本次模拟共设置了 11 个墙体 Wall。离散元计算过程中，蓄水过程分两次进行施加，每次施加后通过循环计算使大坝整体达到平衡状态。水荷载施加时，计算每个墙体 Wall 承受的水荷载，并将其等效为集中荷载作用于墙体 Wall。此外，由于堆石透水性较好，堆石坝内部浸润线较低，基本与下游水位持平，因此在离散元模拟中不考虑坝体内部渗透水的作用。

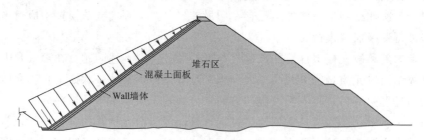

图 4.8　堆石坝离散元模型中水荷载施加基本原理

4.3.2　堆石坝离散元与有限元模拟结果分析

为验证离散元模拟堆石坝的可行性，将离散元计算结果与有限元进行对比验证，对比项目包括大坝沉降、顺河向位移、主应力值。为与离散元模拟保持一致，有限元中各分区堆石料的本构模型参数均使用主堆石区堆石料参数值。

4.3.2.1 大坝沉降

堆石坝的离散元与有限元沉降计算值如图 4.9 所示，由图 4.9 可知：在竣工期、蓄水期，离散元计算的大坝沉降值分布规律与有限元基本一致，最大沉降值位于 1/3～1/2 坝高处。蓄水后，大坝的竖向位移极值区略向上游偏移，且沉降值较竣工期有所增加。此外，在离散元模拟结果中，由于堆石坝下游边坡处的部分块石在施工过程中发生滚动，使离散元计算的沉降变形极值明显大于有限元计算极值。

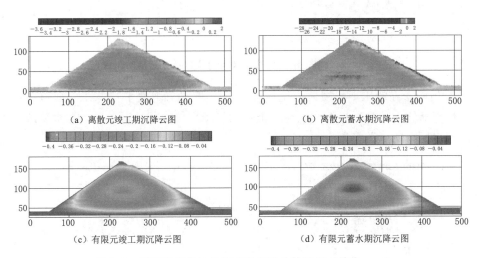

（a）离散元竣工期沉降云图　　　　（b）离散元蓄水期沉降云图

（c）有限元竣工期沉降云图　　　　（d）有限元蓄水期沉降云图

图 4.9　不同数值方法的堆石坝沉降计算结果（单位：m）

4.3.2.2 顺河向位移

离散元、有限元计算的堆石坝顺河向位移如图 4.10 所示。在竣工期，由于堆石料的泊松效应，使得上游堆石区的水平向位移指向上游，下游堆石区的水平向位移指向下游，基本沿坝轴线两侧对称分布，符合竣工期堆石坝水平向位移分布规律。蓄水后，在水压力的作用下坝体顺河向位移分布发生明显变化，坝体向上游的顺河向位移值减小，向下游的顺河向位移增大。此外，离散元的位移值明显大于有限元计算值，这主要由于离散元的散粒体特性，使个别特殊部位处的块石颗粒位移变化十分明显。

4.3.2.3 主应力

由于离散元无法计算出颗粒内部的应力，本书将单个颗粒受到的法向、切向接触力除以其直径作为该颗粒处的应力状态，同时根据受到的法向、切向接触力的方向，将其转化为最大、最小主应力，其计算结果分别如图 4.11 和图

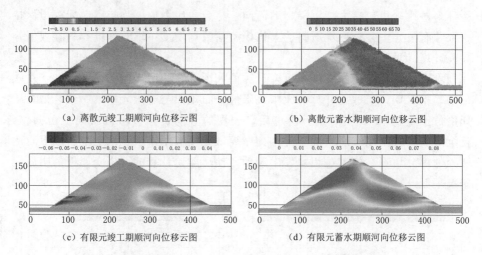

（a）离散元竣工期顺河向位移云图　　（b）离散元蓄水期顺河向位移云图

（c）有限元竣工期顺河向位移云图　　（d）有限元蓄水期顺河向位移云图

图 4.10　不同数值方法的堆石坝顺河向位移计算结果（单位：m）

4.12 所示。在竣工期，坝体内主应力等值线基本与坝坡平行，并从坝顶向坝基呈逐渐增大趋势，坝体内主应力极值均位于坝体底部。蓄水后，在水荷载作用下主应力向上游靠近。

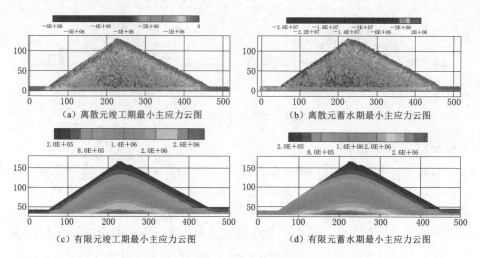

（a）离散元竣工期最小主应力云图　　（b）离散元蓄水期最小主应力云图

（c）有限元竣工期最小主应力云图　　（d）有限元蓄水期最小主应力云图

图 4.11　不同数值方法的堆石坝最小主应力计算结果（单位：Pa）

通过上述分析可知，采用离散元直接大坝工程特性是可行的。相比于有限元计算结果所表现出的连续性，离散元由大量散粒体块石组成，个别颗粒受所处位置或块石间接触关系的影响，使离散元模拟中个别点的变形、应力等项目的数值极大，造成离散元中的极值大小远超有限计算值。与此同时，离散元大部分区域的力学参数量级、整体所表现出的规律性与有限元基本一致。因此，

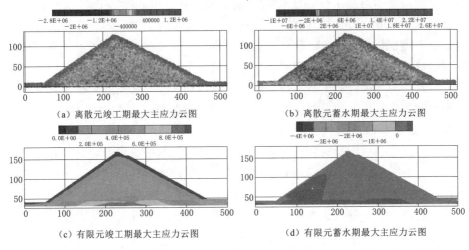

(a) 离散元竣工期最大主应力云图　　　　(b) 离散元蓄水期最大主应力云图

(c) 有限元竣工期最大主应力云图　　　　(d) 有限元蓄水期最大主应力云图

图 4.12　不同数值方法的堆石坝最大主应力计算结果（单位：Pa）

离散元的计算结果在一定程度上与有限元的计算结果以及人们的常规认知不太相符，但其更加接近真实坝体内部复杂、不均匀、随机的力学性态。上述计算与分析内容仅为离散元模拟大坝的初步试探研究，为进一步提高离散元的大坝模拟水平，应构建精细化的大坝离散元模型、提高关键问题的模拟技术水平、高效的后处理技术以及恰当的结果分析方法。

4.4　堆石料宏细观参数反分析软件开发

随着工程建设朝向精细化、复杂化趋势发展，以及各类设计、计算和管理理论方法的多样化，对于工程原始数据与结果数据的展示、分析过程、分析结果提出了更高的可视化要求。因此，为使先进的机器学习理论得以迅速推广与应用，应开发简便、明了的计算软件，以方便各类工程人员使用。

目前，在水利与岩土工程领域已涌现出了众多商业软件，与部分学者针对特定工程问题开发的计算软件。高建勇[251]通过坡体含水率预测黄土高边坡稳定性，并开发了黄土高边坡稳定性分析软件；汪莹鹤等[252]基于比奥固结理论将土土体参数考虑为随机变量，开发了基于随机有限层理论的地基沉降可靠度计算分析软件；杨杰等[253]基于 B/S（浏览器/服务器）结构开发了大坝安全监测管理信息系统，并将其应用于碧口等多个大坝工程的安全监测日常管理中；Salazar 等[254]将机器学习方法应用于大坝安全监测数据分析中，并搭建了可视化数据收集与处理软件。

在前述章节中，本书建立了多个跨尺度参数反分析模型，在堆石料宏观参数反分析研究中取得了较好的应用效果。但前述反分析方法涉及众多优化方法、机器学习方法以及待调整参数等选项，因此迫切需要将不便使用的程序代码转化为可视化、人性化的软件。为此，本节将开发基于机器学习的堆石料宏细观参数反分析软件，将堆石料宏观本构模型参数反分析、细观接触模型参数标定以及各类小型代码工具集成于软件中，以期提供界面友好、操作方便、计算高效的操作软件，使机器学习理论更好服务于工程。

4.4.1　反分析软件结构设计

针对工程中的实际问题与科研中的研究难点，基于机器学习的堆石料宏细观参数反分析软件开发目标是充分发挥先进的机器学习算法优势，搭建出具有先进性、可靠性、实用性和可扩充性的反分析软件。该软件通过离散元、有限元等非连续、连续数值仿真方法，实现细观、宏观、工程尺度的跨尺度计算与分析，并采用机器学习作为上述功能的代理模型，实现上述功能的快速计算，使堆石料宏细观参数的确定更具依据、更加准确可靠，为工程的运行管理与科学决策提供合理的参数支持。

基于机器学习的堆石料宏细观参数反分析软件开发环境为：操作系统为 Windows 10；技术平台为 Microsoft.NET Framework 4.8；开发语言为 Python 或 MATLAB；操作系统为 64 位；处理器为 AMD Ryzen 7 3800X，3.89GHz；内存为 16G。

基于机器学习的堆石料宏细观参数反分析软件能够完成堆石料宏观本构模型、细观接触模型的参数标定工作，以及相关的计算分析内容，软件主体功能和子功能如图 4.13 所示，主要包括：①依据堆石料的变形特性曲线、本构模型参数或工程结构监测数据，实现堆石料细观接触模型参数的标定；②对于堆石料本构模型参数反分析问题，实现了对反分析算法的自适应性及堆石料的不确定性考虑；③在获得标定后的材料参数后，软件能够实现对离散元、有限元等数值分析软件的参数导入、批量计算与分析；④在堆石料的跨尺度分析过程中，为完成大量的结果分析、数据转换、参数推求、结果展示任务，编写了相应的程序代码，并将其集成于工具箱中。

为实现上述功能，根据分析子目标及常规计算流程顺序编写了相应的程序代码，在此基础上对代码程序编写软件界面外壳，从而建立起软件的总体结构，实现软件任务的分解。界面主要为软件后台程序提供计算参数，同时也用于展示程序计算结果。软件程序是完成相应计算内容的后台程序与核心代码。在软件构架总体设计时还应考虑功能、顺序、调用频率等因素，由此对程序流程进行分割、组合，完成软件功能的模块化设计，达到在缩减代码量的同时实现各功能的灵活调用。为实现前述章节功能，基于机器学习的堆石料宏细观参数反分析软件的总体结构设计如图 4.14 所示。由图 4.14 可知，软件总体结构

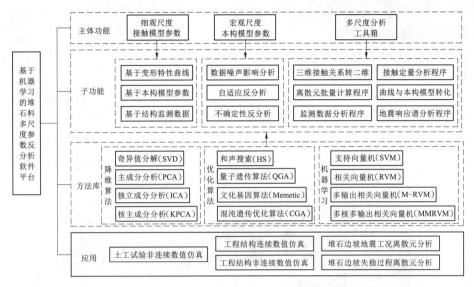

图 4.13　反分析软件的主要功能模块

设计包括分析子目标设计、程序流程设计和界面流程设计，根据其实现步骤又可分为分析任务确定、数据导入与参数设置、计算监控、结果分析、结果存档等关键步骤。①由于本软件集成了众多功能模块，因此应提供直接清晰明了的分析任务选择功能；②在通过自适应模型、优化算法等方法减少人为确定参数的基础上，为用户提供各类数据接口，方便基础数据、变量、算法选择、算法参数、算法参数范围等数据的导入与设定；③在计算过程中，提供各类关键变量值的监控窗口，便于用户及时掌握程序进程、监测计算效果；④计算完成

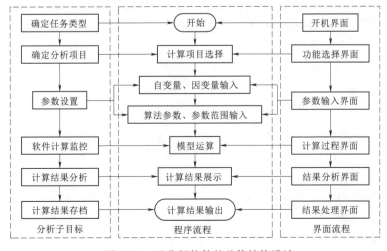

图 4.14　反分析软件的总体结构设计

后，为用户提供丰富的结果分析与展示功能，便于用户分析结果，同时提供数据保存、重新计算等操作。

4.4.2 反分析软件功能设计

4.4.2.1 软件主功能

基于机器学习的堆石料宏细观参数反分析软件启动后进入启动界面，如图 4.15 所示。启动界面包括了工程选择、工具箱、打开以往文件、关闭和关于软件基本信息等功能与操作，通过单击 APP 按钮能够进入主功能选择界面。

图 4.15 反分析软件启动界面

主功能界面如图 4.16 所示，围绕堆石料工程、宏观、细观尺度，能够进行宏观参数反分析与细观参数标定工作，以及在此基础上开展的工程应用研

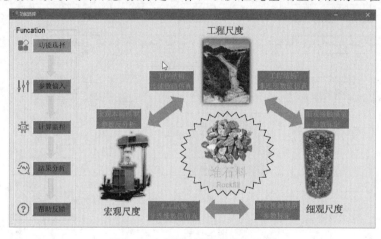

图 4.16 反分析软件主功能界面

究。通过单击相应模块下方的按钮，即可进入对应模块的参数输入界面。界面左侧为分析流程栏，依次为功能选择、参数输入、计算监控、结果分析和帮助反馈，单击相应的工作流程可进入对应的界面中。由于各分析模块的数据导入、计算监控、结果分析界面较为类似，下文将以基于宏观本构模型标定细观接触模型参数模块为例进行说明。

4.4.2.2 数据导入与参数设置

数据导入与参数设置界面如图 4.17 所示，界面左侧为工作流程栏，右侧为数据导入与参数设置输入栏，根据研究内容、分析方法的不同所需导入的数据与参数设置有所不同。对于基于宏观本构模型参数的堆石料细观参数标定分析，根据标定模型的计算步骤，程序所需数据依次为训练样本数据导入、拟合训练优化算法设置、代理模型设置与标定算法设置等。

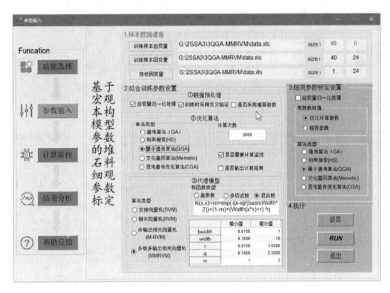

图 4.17 数据导入与参数设置界面

样本数据导入可在弹出的对话框中选择存放数据的 .xls 文件，程序将自动读入相应数据。此外，在拟合与标定中均提供了 GA、HS 和 QGA 等多种搜索算法，在拟合中提供了 SVM、RVM、M-RVM 和 MMRVM 等多种代理模型，以供用户选择。在完成上述输入后，通过单击"RUN"按钮正式进入计算分析中。

4.4.2.3 计算监控

在计算过程中，软件将为用户提供当前实时的计算进度监控窗口，以便用户实时掌握计算进度与计算结果，监控界面如图 4.18 所示。根据当前计算情况，用户可进行中止、继续、停止、重新计算等操作。

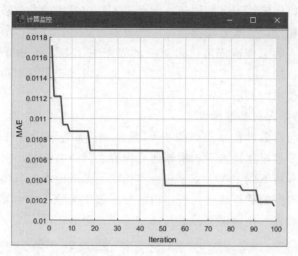

图 4.18　反分析软件的计算监控界面

　　对于计算过程中的重要中间结果，监控界面将自动进行展示。图 4.19 为核参数优化确定后，展示 RVM 对堆石料细观参数样本的拟合效果，用户可根据当前训练情况选择下一步操作。

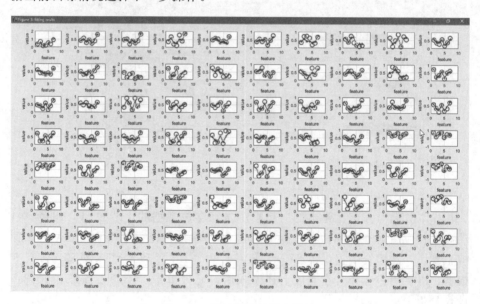

图 4.19　训练样本的拟合效果

4.4.2.4　计算结果分析

　　计算结束后，程序将自动弹出计算结果分析界面，如图 4.20 所示。界面显示了核参数、细观参数的搜索结果、最小拟合误差，以及训练样本的拟合情况分析。当分析完成后，可以进行返回、重新计算、保存与退出操作。

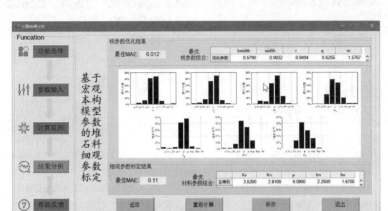

图 4.20　计算结果分析界面

4.4.2.5　工具箱软件

工具箱菜单能够从启动界面直接进入，其界面如图 4.21（a）所示，工具箱内包含了应用于宏细观分析的各类小程序，包括应用于细观分析的颗粒接触信息定量分析与结果绘制程序、离散元的批量计算程序，应用于宏观分析的 E-B 本构模型与变形特性曲线互相转换程序，应用于工程尺度分析的地震响应谱分析、监测数据处理程序等。工具箱内的各类小程序能够满足软件主功能的前期数据处理与后期结果分析需要，通过单击相应模块按钮，即可进入对应模块的参数输入界面。以信息二维接触玫瑰图绘制为例，其参数设定如图 4.21（b）所示，设定完成后单击"RUN"即可得到离散元三轴试验中颗粒接触信息的玫瑰图，如图 4.21（c）所示。

为提高机器学习方法的适用性、实用性，增强堆石料宏细观参数反分析模型的推广应用价值，本节在前述章节提出的计算模型基础上，开发了基于机器学习的堆石料宏细观参数反分析软件：①为实现跨细观、宏观、工程尺度的计算与分析，总结了软件应具备的各类功能，梳理并拟定了软件的目标、程序流程和界面流程的设计框架；②围绕堆石料工程、宏观、细观尺度，设计了功能选择、参数输入、计算监控、结果分析和帮助反馈等操作流程与界面，实现了模型选择、参数输入、过程监控和结果展示等功能；③将堆石料宏观本构模型参数反分析、细观接触模型参数标定以及各类小型代码工具集成于软件中，提供界面友好、操作方便、计算高效的操作软件。通过开发基于机器学习的堆石料宏细观参数反分析软件，进一步促进了先进的机器学习理论的推广与应用。

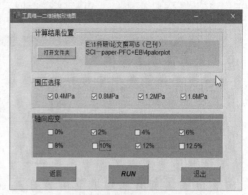

（a）工具箱菜单界面　　　　　　　（b）二维接触玫瑰图参数设置

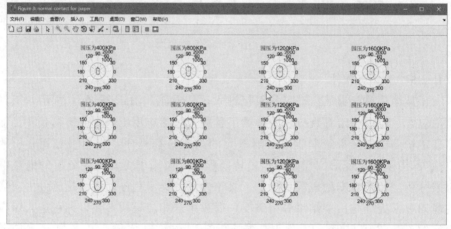

（c）二维接触玫瑰图

图 4.21　反分析软件的工具箱操作界面与使用

4.5　本章小结

本章主要结论如下：

（1）采用机器学习理论建立了堆石料细观参数与堆石坝实测变形间的联系，实现了基于结构变形监测数据的离散元细观参数标定。以公伯峡堆石坝工程为例，根据大坝垂直变形监测数据对堆石料的细观参数进行标定，随后从离散元变形特性曲线、E-B本构模型参数、大坝变形值等角度证明了细观参数标定的正确性与标定模型的可行性。

（2）基于堆石料的细观参数标定结果，尝试建立了堆石坝的离散元数值模型，并将其大坝沉降、顺河向位移、主应力值等计算结果与有限元进行对比。

堆石坝离散元模型中大部分区域的力学参数量级、整体规律性与有限元基本一致，因此采用离散元方法对大坝等大尺寸结构进行模拟是可行的。但堆石坝离散元模型在大坝压实模拟、混凝土面板模拟以及结果定量分析等方面存在一定难度，需进一步提高离散元仿真模拟水平。

（3）在前述章节提出的计算模型基础上，开发了基于机器学习的堆石料宏细观参数反分析软件，将堆石料宏观本构模型参数反分析、细观接触模型参数标定以及各类小型代码工具集成于该软件中，提供了界面友好、操作方便、计算高效的操作软件。

第 5 章

基于细观参数标定的堆石边坡
失稳演变过程分析

　　随着基础设施建设的不断深入，各建设领域陆续出现了规模大、高差大、施工条件差以及自然环境恶劣等高难度的工程建设任务。在这些工程建设中，弃渣场是最常见但相关研究、设计理论最薄弱的建筑物，通常由工程主体建筑物开挖出的弃土或碎石构成，具有孔隙率大、非饱和、欠固结等特点[255]。同时，受施工地形限制，山区工程中的弃渣堆石边坡、弃渣坝等堆石工程通常难以得到碾压，堆石边坡的上述特征将更加明显。在此背景下，原本为附属建设物的弃渣堆石边坡存在极大的安全隐患，若设计不当或防护措施不到位，极易出现坡体局部失稳、整体失稳、泥石流等地质灾害，威胁着工程正常运行及人员生命安全，因此迫切需要进一步开展堆石边坡的相关问题研究。

　　为解决工程中的大变形模拟问题，在采用前述研究成果准确获得堆石材料细观接触模型参数后，建立工程尺度的堆石边坡离散元模型，以分析边坡在施工、运行、地震、加固措施等工况下的失稳演变过程。同时，针对工程运行期间可能发生的滚石问题，建立离散元模型分析滚石的速度、滚落距离等变量，从而为采取相应的工程措施提供建议。

5.1　堆石边坡工程案例背景

　　某日调节抽水蓄能电站承担着电力系统的调峰、填谷、调频、调相和紧急事故备用等任务，工程规模为Ⅰ等大（1）型工程，多年平均发电量为 23.41亿 kW·h。抽水蓄能电站的上水库正常蓄水位为 1392.00m，死水位为1367.00m，有效库容为 856.0 万 m³；下水库正常蓄水位为 945.00m，死水位为 910.00m，有效库容为 956.1 万 m³。在工程建设过程中需修建施工平台，同时也为解决上下库连接路的弃渣料堆放问题，将弃渣料堆放在道路沿线的自然沟谷处形成施工平台，其中该堆石边坡的规模最大且对工程安全运行影响最为直接，堆石边坡所处沟道原始地形如图 5.1（a）、（b）所示，其与工程弃渣场、营地等工程其他建筑的平面布置如图 5.1（c）所示。

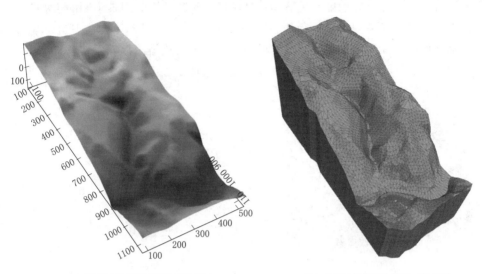

（a）堆石边坡所处沟道的原始地形　　　　　（b）堆石边坡所处沟道的三维模型

（c）堆石边坡与工程其他建筑关系的平面布置

图 5.1　堆石边坡位置与地形

工程施工前期，堆石边坡顶部用于拌和站布置，后期将作为钢管加工厂的辅助用地。建成后的堆石边坡最高高程为 1116.4m，最低高程为 916.6m，最大高差为 199.8m，其局部现状如图 5.2（a）所示。针对堆石边坡所在区域的地形特征，并综合考虑堆石边坡的体型特征、堆渣特点，对最不利的边坡二维剖面建立离散元模型，其剖面线在平面图中的位置如图 5.2（b）所示，其二维剖面如图 5.3 所示。相较于三维模型，二维堆石边坡离散元模型忽略了实际地形对边坡受力、滚动等运动的缓冲作用，增加了边坡的安全富裕度，因此二维边坡分析相较于三维分析更为不利。

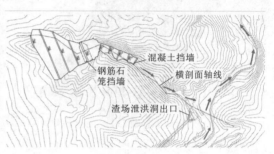

（a）局部现状　　　　　　　　　　　　（b）平面布置

图 5.2　堆石边坡地形与局部现状

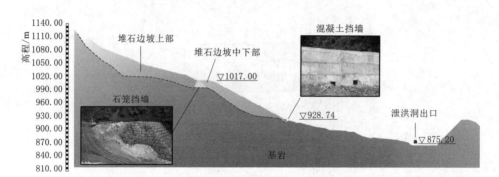

图 5.3　堆石边坡的二维剖面

在堆石边坡堆渣的初始时期，由于未及时有效地对弃渣料进行平整、碾压、排水，2018 年 8 月 1 日降雨后弃渣堆石边坡排水不畅，出现小规模的滑动现象，局部出现泥石流现象。此次滑动最远滑至边坡下游与主沟道汇合处，对西磨沟弃渣场排洪洞的正常运行造成较大的安全隐患，堆石边坡下游沟道汇合处位置关系、泥石流现场情况如图 5.4 所示。考虑到工程建成后的运行管理营地位于西磨沟弃渣场主沟道的下游，也位于堆石边坡与排洪洞出口汇合处的下游，堆石边坡的安全、可靠运行将直接影响抽水蓄能电站整体工程的安全、可靠运行以及管理人员生命安全，因此堆石边坡运行性态对工程整体安全具有"牵一发动全身"的影响。

（a）汇合处位置关系　　　　　　（b）滑动现场

图5.4　堆石边坡早期滑动现场情况

　　小规模泥石流发生后，为增强边坡稳定性，对堆石边坡实施了以下工程措施：①在堆石边坡底部修建了C20素混凝土挡墙，顶部高程为928.74m，其与两侧岩壁相接处采用锚杆连接，锚杆直径$\phi25$，长度4.5m，入岩深度4m；②在堆渣边坡中部修建了钢筋石笼挡墙，顶部高程为1017.00m，单个钢筋石笼尺寸为3.0m×3.0m×1.0m，网格尺寸为0.2m×0.2m，石块尺寸不小于25cm，钢筋笼纵横交错砌筑。在石笼与两侧岩壁相接处采用对称锚杆，锚杆直径$\phi28$，长9m，深入岩石厚度6m，并用$\phi28$钢筋将锚杆与钢筋石笼贯通焊接以增加墙体的整体稳定性。挡墙工程措施如图5.5所示。与此同时，为进一步分析高陡堆石边坡安全性以及其在最不利情况下的失稳影响范围情况，结合堆石边坡以块石为主的松散特征，采用离散元方法分析堆石边坡最不利情况下失稳影响范围以及单个块石的滚落工况，力求为边坡的施工、设计、运行提供参考，提高工程整体运行管理水平。堆石边坡计算工况见表5.1。

（a）钢筋石笼挡墙　　　　　　（b）混凝土挡墙

图5.5　挡墙工程措施

表 5.1　　　　　　　　　　　　堆石边坡计算工况

工　况	时　期	研 究 内 容
施工现状工况	施工阶段	边坡失稳演变过程
长期运行工况	设计阶段	边坡失稳演变过程
滚石工况	运行阶段	滚石滚动过程、混凝土挡墙效果
地震工况	特殊阶段	边坡失稳演变过程
工程措施	运行阶段	边坡失稳演变过程、混凝土挡墙效果

5.2　堆石边坡细观接触模型及其参数标定

通过前述章节分析可知，细观接触模型的选择及其参数值对离散元模拟结果有着十分重要的影响，是开展离散元数值模拟的前提与关键。在堆石边坡离散元模拟中，考虑到堆石间虽然无黏聚力，但不规则的堆石体型使堆石间存在明显的咬合力作用，因此初始堆石边坡将采用接触黏结模型，黏结断裂后则转为线性刚度模型。

为准确掌握堆石边坡中材料特性，并为堆石边坡的离散元数值仿真提供准确可靠的细观参数值，对堆石边坡进行了现场取样和大三轴土工试验。本次关于堆石边坡土石混合材料试样采用人工挖探坑取样方法，探坑布设在堆石边坡典型剖面的上、中、下三个部位，具体涉及经人工碾压夯实处理后的堆石料作为 1 号探坑取样，自然滑落天然堆石料为 2 号探坑取样，经人工平整未做夯实处理的堆石料为 3 号探坑取样。根据堆石边坡的堆填方式及排水条件，确定了固结排水（CD）以及不固结不排水（UU）条件下的堆石料三轴试验方案。试样尺寸 $\phi300\times600\text{mm}$，围压分别为 200kPa、500kPa、800kPa、1200kPa，剪切速率 0.4mm/min。在三轴试验过程中，测量轴向压力、轴向位移以及试件体积变化量，堆石边坡现场探坑取样与室内大三轴试验如图 5.6 所示。

通过上述堆石料现场取样与室内大三轴试验，得到堆石边坡的级配曲线如图 5.7（a）所示。据此建立堆石料离散元三轴试验模型，如图 5.7（b）所示，其详细模拟技术见 3.1 节。随后，将离散元三轴模型用于堆石边坡的堆石料细观接触模型参数标定中。

考虑到堆石边坡主要以块石为主，不规则的堆石体型使堆石间存在明显的咬合力作用，同时边坡中夹有一定量的黏性土使堆石边坡具有一定的黏结力，结合当前堆石料离散元模拟的研究现状，确定堆石边坡的细观接触模型采用接触黏结模型，黏结断裂后则转为线性刚度模型。接触黏结模型共涉及 5 个细观参数：颗粒的法向接触刚度 k_n，切向接触刚度 k_s，摩擦系数 μ，法向黏结力

图 5.6 堆石边坡现场探坑取样与室内大三轴试验

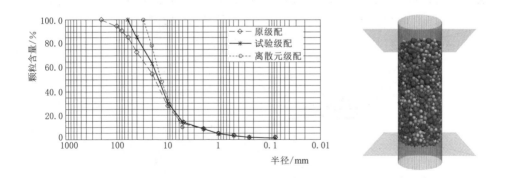

（a）堆石边坡级配曲线　　　　　　　　　（b）堆石边坡的离散元三轴模型

图 5.7 堆石边坡离散元三轴试验模型

b_n，切向黏结力 b_s。采用前述章节提供的细观模型参数标定方法，确定堆石边坡的堆石料细观模型参数值为：$k_n = 2.5\mathrm{MN/m}$、$k_s = 1.6\mathrm{MN/m}$、$\mu = 0.09$、$b_n = 0.65\mathrm{kN}$、$b_s = 0.32\mathrm{kN}$。离散元三轴模型的模拟结果与室内大三轴

试验结果对比如图 5.8 所示，离散元三轴试验的拟合效果良好，其细观参数值能够满足计算需要。

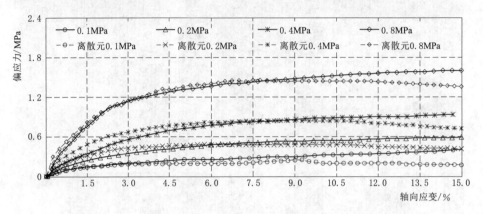

图 5.8　堆石边坡的室内三轴试验与离散元模拟结果

5.3　堆石边坡施工工况分析

5.3.1　施工工况离散元模型构建

为验证堆石边坡离散元细观接触模型类型与参数值确定的准确性，建立了堆石边坡的施工工况离散元模型，以重现 2018 年 8 月 1 日发生的小规模滑坡，通过将离散元模拟结果与滑坡后的现场实际情况对比，评价离散元模拟的准确性。堆石边坡施工工况的离散元模型如图 5.9 所示，模型水平与数值方向的尺寸分别为 945m、312m，离散元模型共包含 7753 个块石颗粒。

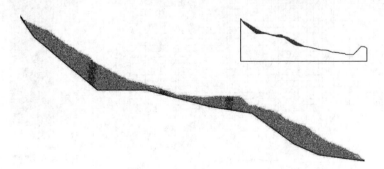

图 5.9　堆石边坡施工工况的离散元模型

离散元中关于滑裂面的模拟通常采用两种方式：

（1）Ball‑Ball 法。坡体及滑床均由颗粒 Ball 构建，并根据岩体岩性的不同赋予相应的细观接触模型与模型参数，随后在体力的作用下坡体滑动自由发生。Ball‒Ball 法的优点是能够模拟滑动的启动与滑动过程,有助于揭示边坡失稳及滑动机理,但存在参与计算的离散元颗粒数目庞大、计算效率低、耗费时间较长的问题[256]。

(2) Ball‒Wall 法。在该模拟方法中坡体由颗粒构成,滑床及边界采用Wall 构建,因此在建立离散元模型前需提前确定坡体与滑床的分界线,多用于滑面基本确定的坡体失稳演变过程模拟。该方法的优点是参与计算的颗粒数量少、节约计算成本,缺点是对于滑面未知的边坡,需应用其他方法确定滑面的位置[257]。相较于 Ball‒Wall 法,由颗粒 Ball 组成的滑床粗糙度较高,坡体滑动过程中会与滑床颗粒相互嵌套、碰撞,因此 Ball‒Ball 法将消耗更多的能量,影响坡体的滑距、滑速计算。

结合本次堆石边坡的实际工程特征,对于堆石料与基岩的离散元模拟采用Ball‒Wall 法,其主要原因为:①根据工程地质勘察结果,堆石边坡所在沟道基岩出露,弱风化深度一般为 15~20m,基岩较完整,裂隙发育一般,无松散物堆积,基岩情况较好;沟道内崩塌、滑坡不发育,泥石流发育可能性较小、危害性较小,两侧天然边坡处于稳定状态;②对于堆石边坡,堆石料与基岩两类材料性质存在明显差异,其界限较为明确;③根据堆石边坡已发生的两次小规模滑动情况,滑动主要以边坡表面的浅层、小规模滑动为主;④堆石边坡底部地形较平缓,且距下游主河道距离较远,堆石边坡发生大规模、高速、远程滑坡的可能性较小,两种方法的计算结果差异较小。

关于堆石边坡沟道内的地下水情况,由于边坡所在沟底内浅层覆盖层为块碎石或砂卵石夹大块石层,渗透系数较大,为强透水层。同时,为解决降雨入渗问题,堆石边坡修建了完整的排水系统,通过截水沟拦截堆石边坡后缘坡面来水,通过马道的横向排水沟将坡面积水排入排洪渠,最终排洪渠将平台后缘山坡、坡面积水排入混凝土挡墙下游的原始沟道内。因此,堆石边坡长期处于干燥状态,地下水对边坡整体稳定性的影响较小,在离散元模拟中不考虑地下水对堆石边坡稳定的影响。

在离散元边坡稳定性计算中,关于模型稳定状态的判断方法目前仍在讨论中,多数研究认为当边坡无明显位移、颗粒平均不平衡力小于 10^{-1}N、最大不平衡力与平均不平衡力之比小于 10 时,可认为离散元模型已处于最终的稳定状态[258]。金磊等[259]提出了基于能量演化规律的边坡离散元失稳滑动判断方法,经过初始压密过程后,边坡离散元模型若能够很快达到静止状态,且最终的重力做功和摩擦耗能都很小,均低于颗粒接触应变能则认为边坡稳定;反之,若重力做功和摩擦耗能均超过颗粒接触应变能且保持一定速率的持续增长,则认为边坡仍处于失稳演变过程中。在离散元计算过程中边坡模型处于不断的调整状态,局部微小的调整变化仍有可能导致后续边坡整体状态的变化,若仅根据某一时刻的不平衡力、不平衡力比进行判断，存在误判的可能性，且不平衡力、不平衡力比的数值量级与离散元模型的颗粒规模存在密切关系。因此，本节将综合采用上述判别方法，开展堆石边坡失稳演变过程分析。

离散元模型的建立和运算主要通过编写代码实现，堆石边坡施工工况离散元分析程序由均匀颗粒生成程序、边坡模型初始平衡程序、边坡失稳模拟及监测程序三部分组成。此外，在离散元模型中设定基岩面与块石的摩擦系数均设定为 0.40，考虑到系统中存在的其他阻尼，将局部阻尼设定为较小值 0.10。在模拟中，当平均不平衡力与平均接触力之比小于 10^{-5}，且能量无明显变化时可认为离散元模型已处于最终稳定状态，计算停止。

5.3.2　施工工况失稳演变过程分析

5.3.2.1　失稳阶段分析

基于上述建立的离散元模型，进行堆石边坡施工工况的失稳演变过程模拟，整个失稳演变过程共持续 626.1s。其中，平均不平衡力与平均接触力之比不仅能够作为边坡稳定状态的评价标准，同时也反映了边坡失稳演变过程的变化情况，其变化如图 5.10 所示。由图 5.10 可知，施工工况下堆石边坡的失稳演变过程可分为五个阶段，各阶段的体型如图 5.11 所示。

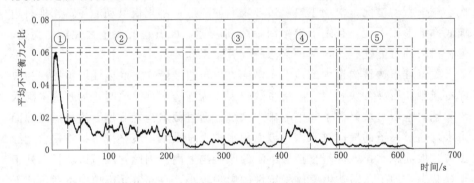

图 5.10　施工工况下堆石边坡平均不平衡力比变化

（1）0～27s 为边坡滑动的启动与快速滑动阶段，通过对比图 5.11（a）与图 5.11（b）可知，在该阶段内堆石边坡的顶部、中部处于不稳定状态的块石迅速发生滑动。堆石边坡顶部 1070m 高程以上的块石滑向下游，水平向 170～270m 区间内的块石层厚度明显增加。堆石边坡中部的水平向 300～400m 区间内大量块石滑向下游。

（2）在发生较大规模整体滑动后，堆石边坡进入局部滑坡阶段，通过对比图 5.11（b）与图 5.11（c）可知，该阶段主要以堆石边坡中下部的堆石缓慢向下游滑动为主，其坡度由 19.8°减缓至 15.6°。

（3）该阶段内堆石边坡滑动进一步减缓，主要表现为个别块石的运动，通

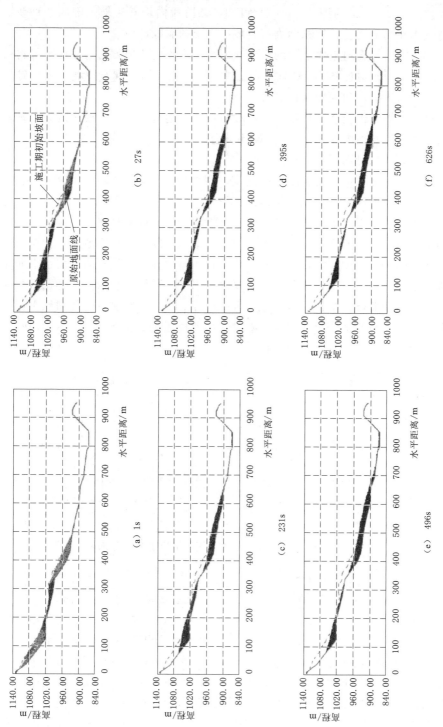

图 5.11 施工工况下堆石边坡失稳演变过程各阶段体型

过对比图 5.11（c）与图 5.11（d）可知，该阶段内堆石边坡上部的个别块石仍持续不断向下滑动，堆积到堆石边坡中下部的后缘部位。

（4）随着堆石边坡中下部的后缘块石不断堆积，造成堆石边坡中下部再次发生滑坡，通过对比图 5.11（d）与图 5.11（e）可知，堆石边坡中下部整体进一步滑向下游，向河床部位逼近。

（5）待堆石边坡下部稳定后，堆石边坡滑动运行减缓，主要表现为个别块石的运动，堆石边坡整体最终达到稳定状态。

5.3.2.2　平均速度分析

在施工工况下堆石边坡的失稳演变过程中，全部块石的平均水平向速度、平均竖直向速度和平均速度变化情况如图 5.12 所示，水平向速度以顺坡向为正，竖直向速度以向上为正。结合图 5.10 和图 5.12 可知，块石的速度变化情况与堆石边坡失稳演变过程中各阶段的划分基本一致：①在边坡失稳的初始阶段，块石的平均速度较大，随后逐步减小；在此过程中，块石的平均水平向速度大于平均竖直向速度，表明块石主要以向水平向顺坡运动为主；②在后续的堆石边坡局部滑坡、个别块石运行、再次局部滑坡、个别块石运行和趋于稳定过程中，块石的速度变化规律与各阶段的运动特征基本相吻合，且多以块石的水平向运动为主，竖直向运动为辅。

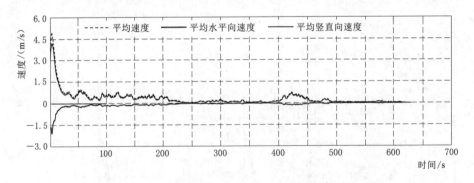

图 5.12　施工工况下堆石边坡块石的平均速度变化情况

5.3.2.3　块石分布与位移分析

施工工况下堆石边坡的初始状态与最终状态的块石分布如图 5.13 所示，由图 5.13 可知：在水平方向上，块石分布由初始状态的 0～480m 失稳后扩展至 82～821m，且块石分布的数量峰值由 321 个明显下降至 224 个。水平方向上块石分布曲线表明为明显后移，表明块石在水平方向上的运行趋势是滑向下游侧，块石的分布更加分散。在竖直方向上，块石分布由初始状态的集中分布转变为两个峰值分布，表明块石由初始状态的均匀分布失稳后变成两处集中堆积。此外，块石所处位置的最高高程值下降，表明最高处的块石出现下滑。同时，块石分布曲线出现下移，表明块石在竖直方向上的运行趋势是向下。通过施工工况下边坡的初始状态及失稳后的块石水平向、竖直向分布曲线分析，明确了块石在堆石边坡失稳前后的分布情况。

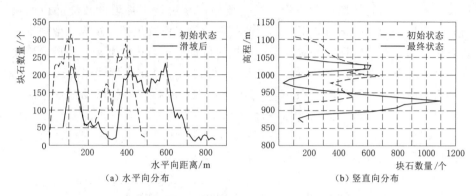

图 5.13　施工工况下堆石边坡的初始状态与最终状态的块石分布

施工工况下堆石边坡失稳后，堆石边坡的块石在水平向、竖直向的位移统计如图 5.14 所示，水平向位移以顺坡向为正，竖直向位移以向上为正。由图 5.14 可知：对于块石的水平向位移，运动距离 200m 的块石数量最多，运动距离超过 300m 后块石数量明显减小。此外，块石的竖直向位移近似呈现为正态分布，下降高度为 68m 左右的块石数量最多，下降距离超过 118m 后块石数量明显减小，同时下降高度小于 68m 的块石数量明显多于大于 68m 的块石数量，块石的最大下降高度为 148.5m。

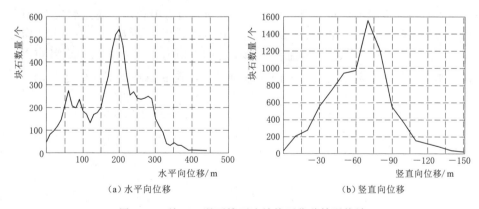

图 5.14　施工工况下堆石边坡块石位移情况统计

5.3.2.4　越过特征位置分析

施工阶段虽未采用挡墙措施，但分析施工工况堆石边坡失稳演变过程中越过特征位置的块石数量变化，对后续分析堆石边坡滑动过程、工程措施实施效果具有重要意义，堆石边坡的特征位置包括边坡中部的石笼挡墙、底部的混凝土挡墙以及沟道底部的河床位置。越过特征位置的堆石数量随时间变化情况如图 5.15 所示，由图 5.15 可知：①对于石笼挡墙位置，其上部块石随着时间的增长不断越过石笼挡墙滑向下游，其主要原因是边坡顶部坡度较陡部位的块石，在滑坡启动后持续滑向下游，因此应在此位置设置阻挡建筑物，增强堆石边坡顶部的块石稳定性；②对于混凝土挡墙位置，堆石边坡滑动启动后，边坡中下部的块石迅速越过该位置，并在 210s 得到初步稳定。随着来自边坡上部的块石不断越过石笼挡墙，在 415s 时堆石边坡底部再次发生滑动，越过混凝土挡墙位置的块石数量再次增加，直至 485s 后不再有块石越过混凝土挡墙位置；③对于到达河床底部位置的块石数量，其在 190s 后几乎无变化，因此到达河床底部的块石多数来自于堆石边坡的中下部。

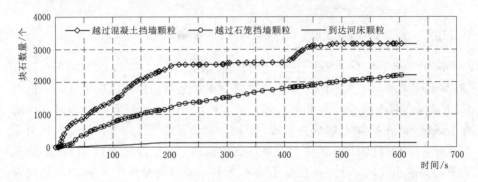

图 5.15　越过特征位置的堆石数量随时间变化情况

堆石边坡失稳演变过程模拟结束后，分析越过石笼挡墙、越过混凝土挡墙和到达河床等三个位置的块石粒径情况，其结果如图 5.16 所示。由图 5.16 可知：越过石笼挡墙、越过混凝土挡墙的块石粒径均为均匀，与堆石边坡整体的粒径基本一致。而对于更远距离的河床位置，其粒径表现出明显的递增趋势，

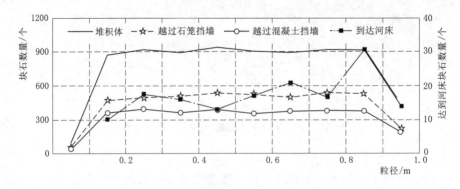

图 5.16　施工工况下越过特征位置的堆石粒径统计

表明粒径大的块石更容易滚落至更远的位置，其主要原因是越过石笼挡墙、越过混凝土挡墙的块石主要是受到边坡整体滑动的带动作用，而达到河床位置的块石则需更多动能，质量较大的块石在前期滑动过程中积累了大量的能量，相较于小粒径块石更易滚动至更远的位置。

5.3.2.5　能量分析

在施工工况下，堆石边坡失稳的能量变化如图 5.17 所示，关于能量的定义与计算方法见文献［260］。堆石边坡的动能变化反映了其运动过程中所携带的能量，以及可能对防护措施造成的破坏力。在 $t=4.34\,\mathrm{s}$ 时堆石边坡动能达到峰值，与块石平均速度最大时刻相同，此时堆石边坡动能达 $2.81\times10^8\,\mathrm{J}$。堆石边坡峰值时刻具有动能巨大，若不采取工程防护措施将对下游山体、设施造成较大的冲击[261]。重力做功在堆石边坡启动初期增长较快，后期增长速度变慢，逐步趋近于 0，表示堆石边坡逐步趋于稳定。接触累积耗能也随着时间逐步增长并趋于稳定，表明滑坡体在运动过程中内部不断发生碰撞、摩擦，消耗了大量能量。阻尼累积耗能主要为局部阻尼耗能，其值与颗粒受到的不平衡力大小相关。

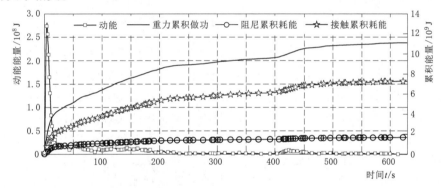

图 5.17　施工工况下堆石边坡失稳的能量变化

堆石边坡下游的现状如图 5.18 所示，由图 5.18 可知：在两次小规模的滑坡发生后，在堆石边坡的马道、下游沟道内残存有一定厚度的堆石层，且在沟道出口的河床部位也能够观察到块石，其块石滑动距离、堆积厚度、分布情况均包含于上述离散元模拟的结果范围内。同时，施工工况下的堆石边坡失稳模拟结果与现状存在一定的差距，离散元模拟的滑动规模及范围大于现状观测结果，这主要是由于离散元是对边坡由初始状态至最终堆石边坡完全稳定的整个演变过程的模拟，而实际堆石边坡受众多方面因素的影响，其滑动过程和规模与时间有较大关联，已实际发生的滑动可能仅为离散元模拟滑动演变过程中的某个阶段。此外，小规模滑动发生后，管理单位迅速采取了相应的工程措施，进一步减缓、阻止堆石边坡继续发生滑动的可能性。

(a) 边坡马道　　　　　　　　　　　　　　(b) 边坡下游

(c) 沟道中部　　　　　　　　　　　　　　(d) 沟道下游

图 5.18　沟道内的落石情况（2019.11.14 拍摄）

　　本小节通过对比施工工况下堆石边坡初始状态与最终稳定状态，明确了块石在边坡失稳前后的分布情况，失稳后的块石位移值分布近似正态分布。堆石边坡失稳启动的主要原因是：由于堆石边坡顶部坡度较陡部位的块石不稳定，并持续向下游滑动，因此应进一步增加堆石边坡顶部的块石稳定性。通过越到特殊位置的块石数量分析可知，到达河床底部的块石多数来源于堆石边坡的中下部，并且粒径大的块石更易滚落至更远的位置。通过上述堆石边坡施工工况下离散元分析，明确了堆石边坡的失稳演变过程及特征，表明对于未碾压、未采取任何工程措施的施工期堆石边坡发生滑动的概率是极高的。此外，两次小规模的滑动发生后的块石滑动距离、堆积厚度、分布情况包含于上述离散元模拟结果的范围内，表明采用离散元方法对施工工况下的堆石边坡失稳演变过程进行模拟是可行的，从侧面验证了堆石料细观参数标定结果的正确性。

5.4　堆石边坡运行工况分析

5.4.1　运行工况离散元模型构建

　　小规模滑动发生后，在堆石边坡的中部、底部分别修建了石笼挡墙和混凝土挡墙。为分析堆石边坡施工完成后、长期运行阶段的稳定性，建立了堆石边坡运行工况离散元模型，模型与初始力链如图 5.19 所示。运行工况下堆石边坡离散元模型的水平向与竖直向尺寸分别为 945m、312m，共包含 10528 个块石颗粒，其底部基础由 Wall 构建。对于石笼挡墙、混凝土挡墙等工程措施的离散元模拟：①挡墙基础施工要求开挖后基础若为新鲜、坚硬的基岩则不做处理，若局部为软弱层则挖除，并采用碎石回填夯实处理，同时，挡墙与两侧岩壁结合处采用锚杆锚固，使挡墙与基岩形成了良好的承载体系；②对开挖后的石笼挡墙地基进行动力触探试验，结果表明开挖后的基础承载力符合规范及设计要求。通过上述工程措施，可认为石笼挡墙、混凝土挡墙与地基结合良好，已形成了统一的受力体系，因此将石笼挡墙与混凝土挡墙作为刚性体，采用Wall 形式进行模拟。

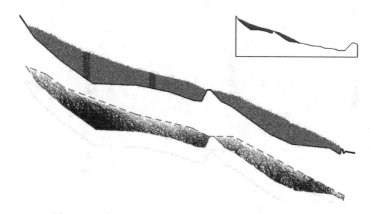

图 5.19 堆石边坡运行工况下离散元模型与初始力链

5.4.2 运行工况失稳演变过程分析

5.4.2.1 失稳阶段分析

利用上述离散元模型，考虑运行期间的最不利情况，对运行工况的堆石边坡进行失稳演变过程模拟，整个失稳演变过程共持续 418.38s，其平均不平衡力变化过程如图 5.20 所示，其体型变化如图 5.21 所示。由图 5.21 可知：

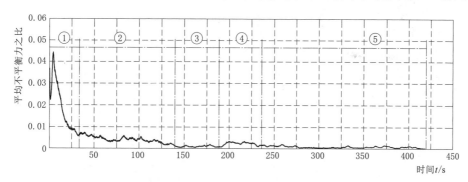

图 5.20 运行工况下堆石边坡平均不平衡力变化过程

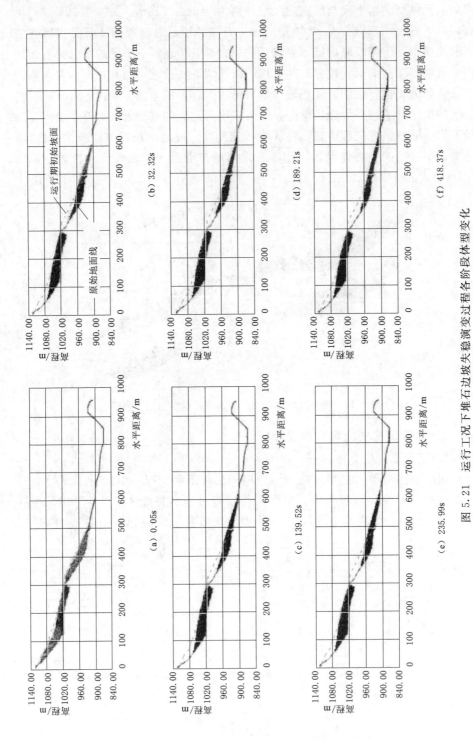

图 5.21　运行工况下堆石边坡失稳演变过程各阶段体型变化

①0～32.32s 为堆石边坡滑动的启动与快速滑动阶段，通过对比图 5.21 (a)与图 5.21 (b) 可知，该阶段内在堆石边坡顶部、中部处于不稳定状态的块石迅速发生滑动。堆石边坡顶部 1070m 高程以上的块石滑向下游，导致石笼挡墙以上的块石层厚度明显增加。堆石边坡中部的水平向 300～400m 区间内块石滑向下游，混凝土挡墙虽对块石运动起到了一定的阻挡作用，但是仍有大量颗粒越过混凝土挡墙滑向下游；②32.32～139.52s 堆石边坡进入局部滑动阶段，对比图 5.21 (b) 与图 5.21 (c) 可知，该阶段堆石边坡上部块石越过石笼挡墙，堆积到堆石边坡中下部的后缘部位；③139.52～189.21s 堆石边坡缓慢滑动，仅有个别块石越过石笼挡墙滑向下游；④随着堆石边坡中部的块石下滑，在块石的推动作用下，堆石边坡中下部再次发生滑坡。通过对比图 5.21 (d) 与图 5.21 (e) 可知，堆石边坡中下部后部变化明显，部分块石已滚落至河床部位；⑤在 235.99～418.37s 时段内仅有个别块石运动，直至堆石边坡整体达到稳定状态，期间滚落至河床的块石数量有所增加。

5.4.2.2　平均速度分析

在运行工况下的堆石边坡失稳演变过程中，其块石的平均速度变化情况如图 5.22 所示，水平向速度以顺坡向为正，竖直向速度以向上为正。结合图 5.20 和图 5.22 可知，块石平均速度的变化情况与划分的失稳阶段基本一致：①在边坡失稳的初始阶段，块石的平均速度较大且逐步减小，最大值平均速度出现在 3.73s 的 4.34m/s，最大值平均水平速度出现在 3.29s 的 3.77m/s，最大值平均竖直速度出现在 1.21s 的 2.78m/s；在此过程中，块石的平均水平向速度大于平均竖直向速度，表明块石主要以向水平向顺坡运动为主，竖直向运动为辅；②在后续的堆石边坡局部滑坡、个别块石运动、再次局部滑坡、个别块石运动和趋于稳定过程中，块石的速度变化规律与划分的失稳阶段基本吻合。

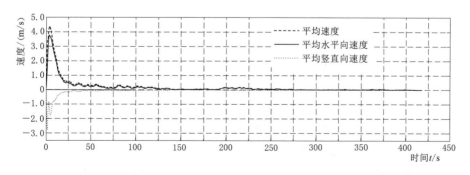

图 5.22　运行工况下堆石边坡块石的平均速度变化情况

5.4.2.3　块石分布与位移分析

运行工况下堆石边坡失稳前后的块石分布如图5.23所示。对于块石水平向分布，堆石边坡由初始状态的0~480m扩展至失稳后的40~840m。对于块石边坡的上部，其块石的峰值数量由383个增加至403个，表明石笼挡墙起到了明显的阻滑作用，堆石边坡上部的块石堆积现象更加明显。对于堆石边坡的中下部，其在水平方向上的块石分布曲线表现为后移，表明中下部块石的运行趋势是滑向下游侧，块石在水平向上的分布更加分散。对于块石竖直向分布，其变化规律、原因与水平向分布基本相同。此外，块石所处位置的最大高程值下降，表明最高处的块石出现下滑，同时堆石边坡中下部块石分布曲线出现下移，表明该处块石出现明显下滑。通过与施工工况下边坡的初始状态及失稳后的块石水平向、竖直向分布曲线进行对比，运行工况中堆石边坡失稳前后的块石分布曲线明显更为相近，表明在增加挡墙工程措施后块石的运动受到了明显的约束。相比于石笼挡墙，混凝土挡墙对堆石边坡中下部块石分布曲线的改变能力较弱，表明堆石边坡底部的混凝土挡墙更加迫切需要得到加强。

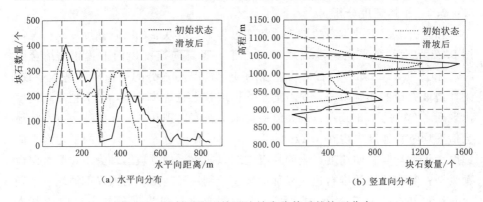

图5.23　运行工况下堆石边坡失稳前后的块石分布

(a) 水平向分布　　(b) 竖直向分布

施工工况下堆石边坡失稳后，块石的水平向、竖直向位移统计如图5.24所示，水平向位移以顺坡向为正，竖直向位移以向下为正。由图5.24可知：对于块石的水平向位移，运动距离为40m的块石数量最多，运行距离超过200m后块石数量明显减小。同时，竖直向位移为−10m左右的块石数量最多，块石的最大下降高度为148.5m。相比于施工工况边坡失稳后块石位移近似正态分布，运行工况下块石的位移表明出明显的递减趋势，且峰值处的块石数量明显增加，再次证明了块石的堆集现象和挡墙的阻滑效果。

5.4.2.4　越过特征位置分析

通过监测越过石笼挡墙、混凝土挡墙的颗粒数量变化，能够明确堆石边坡的运动过程以及挡墙所发挥的阻滑作用。在运行工况下，堆石边坡失稳后越过

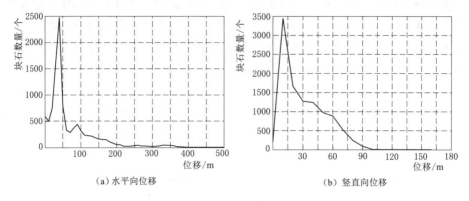

（a）水平向位移　　　　　　　（b）竖直向位移

图 5.24　运行工况下堆石边坡块石位移情况统计

特征位置的堆石数量变化情况如图 5.25 所示，由图 5.25 可知：对于石笼挡墙，其以上部位的块石在滑动初期不断越过石笼挡墙滑向下游，直至 123s 后无颗粒越过石笼挡墙，表明石笼挡墙的修建明显阻挡了堆石边坡上部块石向下游的滚落，对维持其上部块石的稳定性起到了明显的作用。对于混凝土挡墙，堆石边坡滑动启动后，边坡中下部的块石迅速越过挡墙，直至 264s 后越过混凝土挡墙的块石数量无明显增加。对于到达河床底部的块石，其数量在 213s 后基本无变化，到达河床底部的块石多数来源于堆石边坡中下部，因此加强堆石边坡底部的工程措施有助于减少块石滚落至河床。相比于施工工况，即使堆石边坡建成后块石的数量由 7712 个增加到 10528 个，但其越过特征位置的块石数量仍有明显减小，越过石笼挡墙、混凝土挡墙、到达河床位置的块石数量分别减少了 86.6%、39.5% 和 34.6%。因此，石笼挡墙、混凝土挡墙的修建起到了增加堆石边坡稳定性、减小块石滑落的效果。

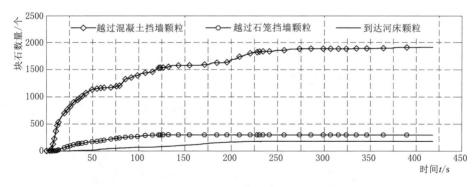

图 5.25　运行工况下越过特征位置的堆石数量统计

堆石边坡失稳后，越过石笼挡墙、越过混凝土挡墙和到达河床等三个特征位置的块石粒径情况如图 5.26 所示，由图 5.26 可知：越过石笼挡墙、混凝土挡墙的块石粒径均为均匀，与堆石边坡整体的粒径基本一致。对于距离更远的河床位置，其粒径表现出明显的递增趋势，表明粒径大的块石更易滚落至更远的位置。

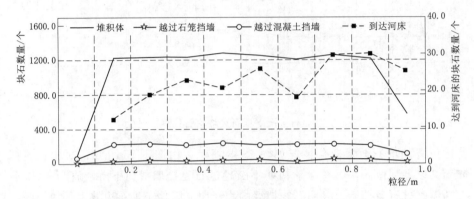

图 5.26　运行工况下越过特征位置的堆石粒径统计

5.4.2.5　配位数分析

　　配位数与孔隙率均能够反映结构的压实情况，但由于离散元中的孔隙率与工程中的孔隙率概念有所差别，无法完全对应，因此本书主要通过配位数监测反映堆石边坡的压实情况。为掌握堆石边坡失稳演变过程中不同位置的压实变化情况，分别在堆石边坡上部、中下部的坡顶、坡中、坡底布置配位数监测，能够一定程度上反映出被监测部位的张拉或挤压情况，其监测点布置如图 5.27 所示，监测结果如图 5.28 所示。平均配位数增大表明堆石边坡内部空隙减小，堆石边坡的压实程度得到进一步提高[262]，若平均配位数减小则表明堆石边坡受压情况减轻，内部空隙增大。

图 5.27　运行工况中堆石边坡的局部平均配位数监测点布置

　　对于堆石边坡上部，其顶部、中部、底部在初始状态的平均配位数分别为3.5、5.1 和 4.2，表明堆石边坡的顶部和表层相对松散，其底部压实效果明

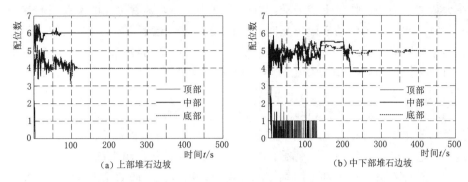

图 5.28　运行工况下堆石边坡局部配位数变化监测结果

显。在滑动开始后，顶部平均配位数迅速减小，2.8s后减小至0，其主要原因为顶部块石迅速下滑，该位置逐步无块石堆积。中部位置的配位数则呈现出一定幅度波动且逐渐增大，75s后保持稳定，表明该部位在顶部块石滑落、堆积的作用下被进一步压实，造成配位数增大、孔隙率减小。在堆石边坡上部的前缘块石不断滑出与后端块石不断压实的交叉作用下，边坡底部平均配位数表现出更加明显的波动，113s后平均配位数保持稳定。

对于堆石边坡中下部，其顶部、中部、底部的平均配位数变化与上部边坡较为类似，但存在以下区别：由于堆石边坡上部块石不断滑落，其顶部配位数在 15～130s 呈现出明显的波动；中部配位数在 190s 后短时间内减小了 1.5，其主要原因为堆石边坡中下部再次发生滑动，导致中部配位数明显减小。

5.4.2.6　挡墙受力分析

为了解挡墙在堆石边坡失稳演变过程中受到的冲击力变化情况，对挡墙上游面所受压力进行监测，从而掌握挡墙所受到的最大压力以及压力变化情况，从而为挡墙的设计提供指导。在堆石边坡失稳演变过程中，石笼挡墙与混凝土挡墙的单宽受力变化如图 5.29 所示，由图 5.29 可知：堆石边坡滑动启动后，

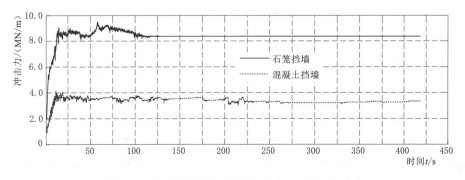

图 5.29　运行工况下堆石边坡挡墙上游面的受力变化

在大量块石的冲击作用下挡墙受到的压力迅速增加，随着滑动的发展挡墙受力处于波动状态，当滑动逐渐停止时挡墙的受力逐渐趋于稳定。对于石笼挡墙，其初始受力为 1.98MN/m，在块石的冲击下挡墙受力在 57.83s 时达到峰值 9.51MN/m，因此石笼挡墙在边坡失稳动荷载的作用下，其受力约为静荷载情况的 4.8 倍。对于混凝土挡墙，其初始受力为 1.10MN/m，在块石的冲击下挡墙受力在 10.93s 时达到峰值 4.15MN/m，因此混凝土挡墙在边坡失稳动荷载的作用下，其受力约为静荷载情况的 3.8 倍。石笼挡墙受力在 129.80s 后达到稳定状态 8.38MN/m，混凝土挡墙在 231.35s 后基本趋于稳定 3.29MN/m。此外，在堆石边坡中下部不断调整的过程中，混凝土挡墙的受力也持续不断发生着变化。

运行工况下，堆石边坡失稳演变过程中的能量变化如图 5.30 所示。其中，堆石边坡的动能代表了其所携带的能量，以及对防护措施的破坏力。在 3.51s 时堆石边坡的动能达到峰值 3.05×10^8J，与平均速度的最大值时刻相同。在峰值时刻，堆石边坡将携带巨大能量冲击石笼挡墙与混凝土挡墙，对其安全稳定造成一定的影响。运行工况下，重力做功、接触累积耗能与阻尼累积耗能的变化情况、机理与施工工况基本一致。

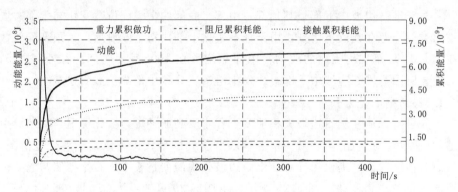

图 5.30　运行工况下堆石边坡失稳演变过程中的能量变化

本小节通过对堆石边坡运行期的失稳演变过程分析，从块石位移、块石分布、越过特征位置块石数量等项目监测表明，现有挡墙虽无法完全阻挡堆石边坡发生失稳，但能够有效的阻挡较小块石滚落、减少运动块石数量、增加边坡稳定性。相比于施工工况，即使边坡建成后块石数量由 7712 个增加到 10528 个，但越过石笼挡墙、混凝土挡墙、到达河床位置的块石数量分别减小了 86.6%、39.5% 和 34.6%。堆石边坡峰值时刻携带巨大能量冲击石笼挡墙与混凝土挡墙，石笼挡墙在动荷载下的受力为静荷载的 4.8 倍，混凝土挡墙为 3.8 倍。相比于石笼挡墙，混凝土挡墙对堆石边坡中下部块石分布曲线的改变效果不明显，表明堆石边坡底部的混凝土挡墙更加迫切需要得到加强。

根据上述初步分析可知，在目前的工程措施下，石笼挡墙上部的堆石基本能够保持整体稳定，堆石边坡底部的混凝土挡墙需进一步加强。此外，考虑到石笼挡墙的部分基础为后期的弃渣堆石料，在下游堆石发生极端大规模滑坡的情况下，石笼挡墙的底部基础存在发生滑动的可能性，从而危及堆石边坡上部的稳定，由此造成整个堆石边坡失稳。基于上述初步分析，提出以下建议：①加大、加高混凝土挡墙；②严格施工排水系统；③加强对堆石边坡整体位移的监测；④发生滑坡时，由于堆石边坡强劲的推动作用，会携带下游河床、两岸处的大粒径石块倾泻而下，对流经区域内的设备、设施、建筑物造成巨大的冲击破坏。通过在滑坡体下游区域设置拦渣坝，阻挡较大粒径的石块越过，可以很大程度地降低堆石边坡对下游区域的冲击作用，从而最大程度地减少损失。

5.5　堆石边坡滚石工况分析

在堆石边坡建成运行后，考虑到堆石边坡的组成材料以及附近原始自然边坡的稳定性，以及坡顶为道路和临时施工用地受到随机外荷载作用，存在发生滚石的可能。同时，由于堆石边坡的整体高度接近200m，将进一步增强滚石的运动特征及其破坏性。因此，通过对堆石边坡建成后可能发生滚石工况进行研究，分析滚石在堆石边坡上的运动过程、影响范围，从而制订相应的工程防护措施，确保工程与人员的安全。

边坡滚石是指个别块石从边坡或陡崖表面失稳后，伴随着下落、回弹、跳跃、滚动或滑动等运动方式的组合，沿着坡面表面快速向下运动，最后静止在较平缓地带或障碍物附近。边坡滚石具有明显的多发性、突发性、随机性，广泛发生于各类天然、人工边坡工程中。触发滚石的因素包括降雨、地震、人类开挖、爆破、剥落、差异风化、冻融循环、风力作用、根劈作用、动物活动干扰等。

5.5.1　滚石工况离散元模型构建

为分析堆石边坡的滚石工况，建立堆石边坡的滚石离散元模型，边坡及滚石模型如图5.31所示，模型水平与竖直方向的尺寸分别为945m、312m。滚石离散元模型中，采用Wall模拟建成后的边坡体型，滚石采用平行黏结模型。为考虑边坡滚石可能发生的最不利情况，对于滚石的模拟尽可能考虑极限情况，因此拟定滚石直径约为1.0m，其形状接近圆形，不考虑滚石破碎。坡面与滚石的摩擦系数均设定为0.20，局部阻尼设定为0.01，模拟块石从堆石边坡顶部滚落到坡底的全过程。

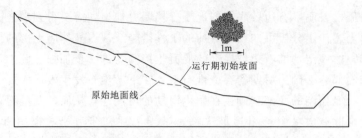

图 5.31　堆石边坡及滚石模型

5.5.2　滚石工况运动分析

通过离散元模拟，块石的运动轨迹及速度变化情况如图 5.32 所示，滚动共耗时 85s。由图 5.32 可知，块石的运动过程基本分为启动、加速、稳定、突变、减速几个阶段。块石的速度变化情况与堆石边坡的实际地形有较大关系，块石在边坡上滚动其速度逐渐增大，随后在马道、平台、平地、挡墙的作用下块石速度逐渐减慢，最终滚落至河床部位。

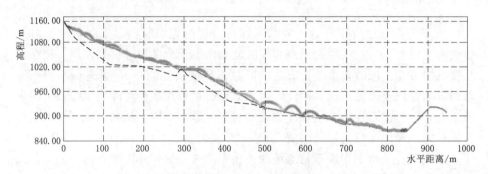

图 5.32　块石的运动轨迹及速度变化情况

在滚石从坡顶滚落到坡底的过程中，其水平向速度、竖直向速度和速度绝对值如图 5.33 所示，水平向速度以顺坡向为正，竖直向速度以向上为正。由

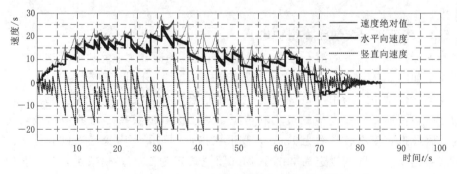

图 5.33　堆石边坡的滚石运动速度时程曲线

图 5.33 可知：当滚石在边坡上滚动时，其水平向速度始终保持正值（顺坡向），当滚石撞击在河床对岸时被反弹，其速度转为负值；对于竖直向速度，当滚石与坡面发生碰撞后，其在瞬间由负值（竖直向下）转变为正值（竖直向下），随后竖直向速度在弹跳过程中逐渐转为负值，直至再次发生碰撞；在每个碰撞周期内，滚石的速度绝对值在碰撞瞬间达到极值，随后在上升过程中竖直向速度逐渐减小，在下落过程中竖直向速度又逐渐增大。在滚石从边坡上滚落至河床的过程中，其速度变化整体表现为先增大后波动，最后逐步减小至 0m/s 的过程。本次模拟中，滚石的最大速度 29.29m/s 出现在 32.6s，位于堆石边坡中下部的坡中部。

在滚石从坡顶滚落到坡底的过程中，其能量变化如图 5.34 所示，所监测的能量包括重力作功、阻尼累积耗能、动能、接触累积能量。

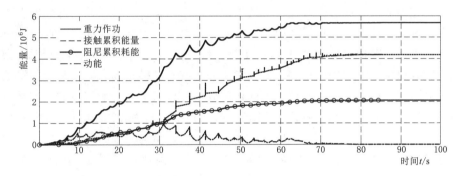

图 5.34　堆石边坡的滚石能量变化

重力作功变化趋势与边坡地形有较大关系，在滚石启动初期与滚动后期，堆石边坡的顶部与坡底地形较为平缓，重力作功增加较慢，当滚石在陡坡上快速滚落时，重力作功增加速度较快。接触累积能量与颗粒的细观接触模型有较大关系，对于平行接触模型，其由线性弹簧应变能、滑动消散能量、阻尼消散能量和平行黏结应变能组成，反映了石块内部颗粒间的互相作用。随着滚石从坡顶滚落到坡底，块石内部的接触累积能量不断增加，意味着石块发生破碎的可能性增加，本次模拟考虑块石滚动的最不利情况，因此假定石块在滚动过程中不发生破碎。在离散元理论中，局部阻尼大小与石块受到的不平衡力大小有关，当石块在边坡上快速滚落时阻尼耗能增长比较明显，在较平缓的坡底滚动时阻尼耗能增长缓慢。关于动能的变化，块石在启动初期与滚动后期动能较小，当其在边坡上快速滚落时动能变化较明显。在块石与边坡发生碰撞的瞬间，动能会出现明显的损失，随着滚石在空中的上升、下降运动，块石动能先减小后增加，动能变化在两次碰撞区间内形成"凹"形。

通过上述分析可知，重力作功是滚石速度增大的主要原因，碰撞、摩擦、局部阻尼则会造成速度减小。边坡坡度越陡，块石与边坡发生碰撞的机会越小，导致块石在重力作用下速度增大。相反，马道、平台、挡墙的修建增加了滚石发生碰撞的可能性，对减小滚石速度、滑动距离、破坏性具有明显作用。尽管滚石的滑落距离、破坏性与其大小、形状和路径存在密切关系，但上述离散元滚石模拟结果表明，存在滚石滚落至下游沟道内的可能，在施工期、运行期间应做好防范措施。

5.6　堆石边坡工程措施实施效果分析

5.6.1　工程措施的离散元模型构建

根据上述多个工况的堆石边坡离散元分析可知，在现有堆石边坡工程措施下，石笼挡墙基本能够维持堆石边坡上部的稳定，但混凝土挡墙上部的堆石边坡存在发生滑动的可能性。考虑到边坡施工难度以及可能造成的经济损失，应主要通过修建防护措施的方式增强堆石边坡稳定性、缩小滑动影响范围。为此，尝试拟定多个混凝土挡墙加高方案，分析其对减轻滑动影响范围、维持堆石边坡中下部稳定、阻挡石块滚落的作用效果，以求为改善堆石边坡工程措施的设计提供参考。当前，混凝土挡墙的设计顶部高程为 928.70m，高度超出地面约 5m，其体型如图 5.35 所示。在此基础上，拟通过加高混凝土挡墙高程的方式增强边坡稳定性，拟定加高后的混凝土挡墙高度分别为 7m、9m、11m、13m、15m，分别计算分析不同高度下边坡运行工况、滚石工况。

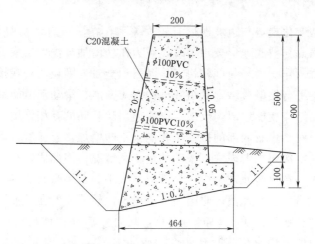

图 5.35　堆石边坡底部的混凝土挡墙体型设计（单位：mm）

5.6.2　不同混凝土挡墙高度下运行工况分析

为分析混凝土挡墙高度对堆石边坡稳定性、失稳演变过程的影响，共完成了混凝土挡墙高度分别为 5m、7m、9m、11m、13m、15m 的运行工况离散元计算，其块石平均速度、位置分布、位移情况、越过特征位置块石数量、混凝土挡墙受力情况分析如下。

在运行工况的堆石边坡失稳演变过程中，不同混凝土挡墙高度下堆石边坡的平均速度变化如图 5.36 所示，由图 5.36 可知：增加挡墙高度后平均速度的变化规律基本无变化，均为失稳初始阶段平均速度较大，在后续的变化过程中逐步减小。此外，随着混凝土挡墙高度的增加，边坡失稳演变过程呈现出持续时间逐步减小的趋势，表明混凝土挡墙的增高在一定程度上增强了堆石边坡的稳定性。

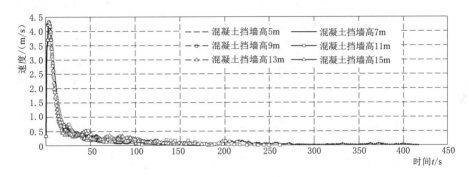

图 5.36　不同混凝土挡墙高度下堆石边坡的平均速度变化

不同挡墙高度下，堆石边坡失稳并达到稳定后的块石分布情况如图 5.37 所示，其块石位移统计如图 5.38 所示。由图 5.37 可知：在水平方向上，混凝土挡墙的增高措施对堆石边坡上部的块石分布影响较小，但明显改变了堆石边坡中下部的块石分布。混凝土挡墙增高后，其竖直向位置分布线较现有挡墙更加"高耸"，表明混凝土挡墙位置上方的块石数量明显增加，越过其位置的块石数量明显减小。通过对比不同挡墙高度下块石位置分布，表明当挡墙高度增

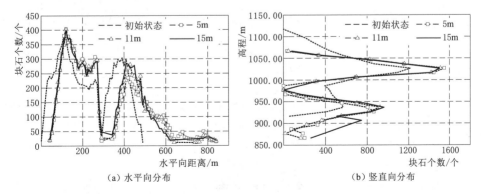

（a）水平向分布　　　　　　　　（b）竖直向分布

图 5.37　不同混凝土挡墙高度下堆石边坡失稳前后块石分布情况

加到11m时，已经能够阻挡大量块石越过挡墙到达下方坡体和河床部位。在竖直方向上，块石位置分布变化较小，表明挡墙主要是以约束堆石边坡的水平向运动为主，块石在重力的作用下，其竖直向运动难以改变。由图5.38可知：随着混凝土挡墙的不断增高，其块石水平位移峰值对应的块石数量出现明显的较小，其竖直位移较大的块石数量也呈现逐步减小的趋势。

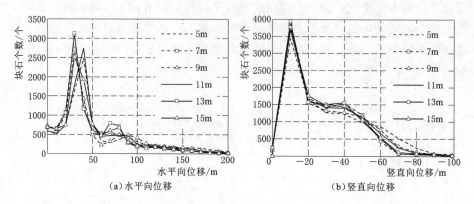

（a）水平向位移　　　　　　　　（b）竖直向位移

图5.38　不同混凝土挡墙高度下堆石边坡块石位移统计

不同混凝挡墙高度下，越过混凝土挡墙、到达河床位置的块石数量随时间变化情况分别如图5.39、图5.40所示，由图可知：对于高度为5m、7m、9m的混凝土挡墙，其在滑动启动阶段对块石的阻挡作用基本一致，但最终越过混凝土挡墙的块石数量存在明显差别。对于高度为11m、13m、15m的混凝土挡墙，虽然在滑动启动阶段不同高度混凝土挡墙的阻挡作用表现出差距，但最终越过挡墙的块石数量较为相近。对于到达河床底部位置的块石数量，不同下混凝土挡墙高度下到达河床的块石数量较为接近，且均小于现有挡墙。因此，根据上述越过特征位置的块石数量分析，推荐混凝土挡墙增高到11m。

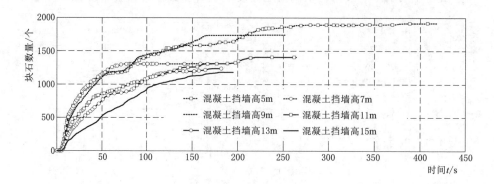

图5.39　不同混凝土挡墙高度下越过混凝土挡墙的块石数量随时间变化情况

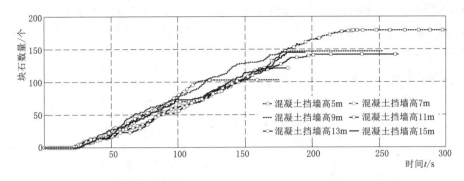

图 5.40　不同高度混凝土挡墙下到达河床的块石数量随时间变化情况

在运行工况的堆石边坡失稳演变过程中，不同高度混凝土挡墙的单宽受力变化如图 5.41 所示：滑坡启动后，在大量块石的冲击下挡墙受力迅速增加，随着滑动的发展挡墙受力处于波动状态，当滑动逐渐停止时挡墙受力趋于稳定。混凝土挡墙的受力虽处于波动状态中，但呈现出一定的规律，其作用力大小随着混凝土挡墙高度的增加而增加。混凝土挡墙的初始受力均为 1.10MN/m，在块石冲击的动荷载作用下 5m、7m、9m、11m、13m、15m 挡墙的峰值作用力分别为 4.15MN/m、5.20MN/m、6.66MN/m、7.31MN/m、8.70MN/m、8.82MN/m，分别为静荷载的 3.8 倍、4.7 倍、6.1 倍、6.6 倍、7.9 倍、8.0 倍。

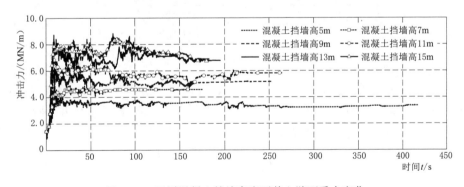

图 5.41　不同混凝土挡墙高度下其上游面受力变化

5.6.3　不同混凝土挡墙高度下滚石工况分析

为分析混凝土挡墙高度对堆石边坡滚石工况的影响，共完成了混凝土挡墙高度分别为 5m、7m、9m、11m、13m、15m 的滚石工况离散元计算，计算结果如下：当混凝土挡墙高度为 9m 时，滚石将直接飞越过挡墙顶部，挡墙无法发挥阻挡作用。当混凝土挡墙高度为 11m、13m 时，滚石从坡顶滚落到坡底河床的运动轨迹及速度变化情况分别如图 5.42（a）和图 5.42（b）所示。当混凝土挡墙高度为 15m 时，块石的运动轨迹及速度变化与图 5.42（b）相同。

由图 5.42（a）可知，滚石与混凝土挡墙顶部发生碰撞后继续向下游滚落，但由于石块碰撞后能量减少，滚石已无法达到河床部位。由图 5.42（b）可知，滚石与混凝土挡墙发生碰撞后被阻挡至挡墙上部，随后发生多次碰撞，最终滚石停止在挡墙的上游侧。

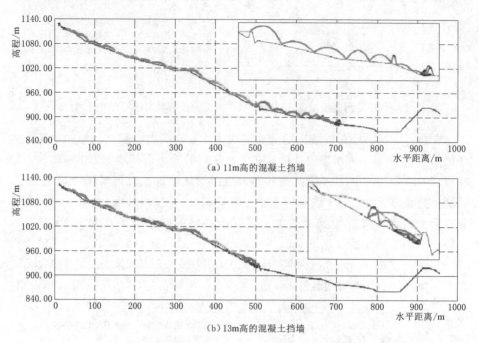

（a）11m高的混凝土挡墙

（b）13m高的混凝土挡墙

图 5.42　不同混凝土挡墙高度下堆石边坡的滚石运动轨迹

当混凝土挡墙高度为 5m、11m、13m 时，滚石的速度变化如图 5.43 所示，由图 5.43 可知：当混凝土挡墙高度为 11m 时，滚石与挡墙发生碰撞后速度将明显发生改变，越过挡墙后继续下落直至停留在边坡底部。当混凝土挡墙高度为 13m 时，石块与挡墙不断发生碰撞，其速度减小更加迅速。

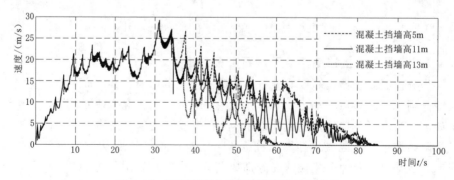

图 5.43　不同混凝土挡墙下滚石的速度变化

通过上述不同高度混凝土下的运行工况、滚石工况分析，表明加高堆石边坡底部的混凝土挡墙有利于增强边坡稳定性，有利于阻挡滚石滚动到下游河床。当挡墙高度增加到11m时，不仅能够阻挡大量块石，还能有效地减小滚石滚落至河床底部的可能性。

5.7　本章小结

本章主要结论如下：

（1）对施工工况下的堆石边坡失稳演变过程进行离散元分析，通过与已经发生的两次小规模滑动情况进行对比，从侧面验证了堆石料细观参数标定结果的正确性。此外，通过分析越过特征位置的堆石料粒径情况，表明粒径大的块石更容易滚落至更远的位置。

（2）相较于施工工况，运行工况下块石分布曲线、位移曲线、越过特征位移块石数量曲线均表明：在增加挡墙工程措施后块石的运动明显受到了约束，石笼挡墙具有明显的阻滑效果。相比于石笼挡墙，混凝土挡墙对堆石边坡中下部块石分布曲线的改变能力较弱，表明堆石边坡底部的混凝土挡墙更加迫切地需要得到加强。在边坡失稳动荷载的作用下，石笼挡墙受到的冲击力约为静荷载情况的4.8倍，混凝土挡墙约3.8倍。

（3）重力作功是滚石速度增大的主要原因，而马道、平台、挡墙的修建增加了滚石发生碰撞的可能性，对减小滚石速度、滑动距离、破坏性具有明显作用。通过进行不同高度混凝土挡墙下的运行工况、滚石工况分析，表明当混凝土挡墙高度增加到11m时，不仅能够阻挡大量块石，还能有效地降低滚石滚落至河床底部的可能性。

第 6 章

基于细观参数标定的堆石边坡地震工况分析

地震作为工程中的特殊荷载，对工程结构的安全性态有着巨大的影响，因此必须在结构设计中考虑地震工况。在地震的作用下，材料的变形、运动等非连续性特征将被进一步放大，尤其对于堆石等离散介质材料，如何进一步发挥离散元优势，在离散元中实现地震工况的动力分析是迫切需要解决的重要问题。为开展堆石边坡地震工况的离散元分析，首先需要在离散元模型中建立黏性边界，以避免地震波在人工边界处发生反射、叠加，从而正确地模拟堆石边坡地震响应。因此，为准确分析堆石边坡在地震工况下的响应情况，本书在离散元模型中建立了黏性边界，并验证了黏性边界的可行性，从速度、体型、运动距离和能量变化等角度分析了地震工况下堆石边坡的失稳演变过程。

6.1　离散元黏性边界基本原理及其构建

在自然环境中，地震波能够在地面以下的无限介质中自由传播，但考虑到数值仿真的计算成本及效率，常需人为确定人工边界，从无限介质中截取有限的基础范围作为计算区域。在此过程中，不当的人工边界可能会引起地震波在边界处发生反射、叠加，将严重干扰到研究对象的地震响应分析，导致地震分析的不准确乃至错误。因此，在地震工况分析计算中，数值仿真模型的人工边界确定对仿真结果有着十分明显的影响，其处理方式对仿真结果的准确性极其关键。

通过 1.2.4 节分析可知，相较于简单的固定边界，黏性边界等类型的人工边界计算结果更加接近地震工况下的结构真实反映。关于黏性边界与黏弹性边界，刘云贺等[263]通过对比分析，认为两者均有较好地吸收外传波效果，两种边界条件所得的结构反应相近，均可作为拱坝地震自由场输入模型中的吸能边界；朱艳艳[264]也对比分析了黏性边界与黏弹性边界的吸收效果，认为两者对地震波的吸收效果相近。因此，本书将在离散元仿真模型中建立黏性人工边界，以准确计算堆石边坡的地震响应情况。相比于连续介质的数值仿真模型，离散元数值仿真模型的人工边界由不同粒径的球体颗粒组成，其边界面凸凹不平，因此为将连续介质的黏性边界条件方程推广至离散介质中，需对其进行适当的改造。基于连续介质力学理论中，人工边界的应力与节点振动速率之间关系，将其单位边界替换为颗粒半径，实现人工边界处的阻尼器安装。因此，可以通过对于离散元模型入射端、反射端颗粒施加外界力的方式，实现离散元模型的黏性吸收边界条件设置。

对于地震波反射端的黏性吸收边界，其对每个颗粒所施加的外力计算公式为

$$\begin{cases} F_{nor} = -F_{app.nor} - \xi R\gamma C_P \nu_{nor} \\ F_{she} = -F_{app.she} - \eta R\gamma C_S \nu_{she} \end{cases} \tag{6.1}$$

式中：F_{nor}、F_{she} 分别为施加在边界颗粒的法向力与切向力，N，其中所施加外力的方向以边界整体方向为参考；$F_{app.nor}$、$F_{app.she}$ 分别为颗粒仅在墙体约束下受到的法向、切向不平衡力；R、γ 分别为边界颗粒的半径和密度；为使黏性边界达到对地震波的最佳吸收效果，考虑到地震波的弥散效应以及离散元边界颗粒的随机半径分布，引入纵坡、横波修正系数 ξ、η[139]；C_P、C_S 分别为介质的纵坡、横波波速；ν_{nor}、ν_{she} 为黏性边界上每个颗粒的法向、切向振动速率，m/s。

对于地震波入射端也需设置黏性吸收边界条件，对每个颗粒所施加的外力为

$$\begin{cases} F_{nor} = -F_{app.nor} - \xi_{inp} R\gamma C_P(\nu_{nor} - 2\nu_{wave.P}) \\ F_{she} = -F_{app.she} - \eta_{inp} R\gamma C_S(\nu_{she} - 2\nu_{wave.S}) \end{cases} \tag{6.2}$$

式中：ξ_{inp}、η_{inp} 分别为地震波入射端的纵坡、横波修正系数；$\nu_{wave.P}$、$\nu_{wave.S}$ 为地震波入射端的纵、横向入射振动波波速，m/s；考虑到一半的输入波能量将被黏性边界所吸收，因此其系数取值为 2。

在离散元模型中，由于黏性边界施加前需删除在初始平衡过程中使用的墙体对象，因此还需对边界处的颗粒施加约束力，以代替原墙体的约束作用、保持离散元模型的初始地应力及整体平衡。此外，在离散元模型中，单个颗粒的受力可分为颗粒间接触力 $F_{contact}$、颗粒重力 $G_{gravity}$ 以及颗粒受到的荷载力 F_{app}，其合力为不平衡力 F_{unbal}，不平衡力的计算是分析颗粒间重叠关系、颗粒运动与否的重要基础数据。通过施加荷载力，使边界颗粒的不平衡力 F_{unbal} 等于 0，以维持删除墙体后颗粒体系的整体稳定，因此 $F_{app.nor}$、$F_{app.she}$ 的取值可以通过式（6.3）确定。

$$F_{app} = -F_{contact} - G_{gravity} \tag{6.3}$$

通过上述分析可知，为实现离散元数值仿真中黏性边界的施加，需完成以

下步骤：①在离散元模型的初始平衡计算完成后，将人工边界处的墙体位移约束移除；②通过对人工边界处的球体施加约束力，以继续保证模型的初始地应力场平衡；③在人工边界处施加作用力，由此实现阻尼器的安装，完成离散元黏性吸收边界的设置。根据人工截断边界处地震波的等效黏性吸收边界条件方程式（6.1）、式（6.2），通过在离散元软件中编写相应程序，实现离散元数值仿真中黏性边界条件的设置。

6.2   不同边界条件下的离散元模型动力响应分析

为验证黏性边界模型的有效性，减少模型体型及初始应力场对波传播的影响，建立二维离散元黏性边界无重力算例模型，如图 6.1 所示，模型水平向、竖直向尺寸为 1000m、330m。离散元黏性边界算例模型的左侧、右侧边界颗粒如图 6.1 中浅色颗粒所示，顶部、底部边界颗粒如图中深色颗粒所示。通过对顶部、底部边界颗粒施加竖直向约束力，对左侧、右侧边界颗粒的施加水平向约束力，使在删除墙体颗粒后模型整体仍然能够保持稳定。为验证黏性边界的地震波吸收效果，在模型内部共布置 25 个监测点，以监测模型的动力响应情况。此外，为防止颗粒间的黏结在地震波传播过程中发生破坏，适当增大颗粒的黏结强度。

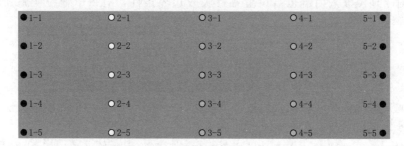

图 6.1   离散元黏性边界算例的边界分组及测点布置

为验证离散元黏性边界模型的有效性，在模型左侧边界输入一个水平向的简谐 P 波脉冲，脉冲波为一个周期：

$$P_{vel} = \begin{cases} 0.5A[1-\cos(2\pi t/T)] & (t \leqslant T) \\ 0 & (t > T) \end{cases} \tag{6.4}$$

式中：P_{vel} 为输入端的水平向波速，m/s；A 为脉冲波速率振幅，m/s，本次模拟取为 1m/s；T 为脉冲周期，s，本次模拟取为 0.2s。

当离散元模型边界分别采用固定边界、黏性边界、自由边界时，在施加上述脉冲波的情况下，分析不同边界条件下的人工边界吸波效果。

6.2.1　固定边界动力响应分析

为模拟传统的固定边界，通过强制约束固定边界颗粒运动，使离散元模型的左侧、右侧边界颗粒运动被完全固定。随后，对模型左侧边界施加脉冲波，如图 6.2 所示。在离散元计算过程中，为研究地震波在水平向的传播规律，重点监测模型中部监测点 1-3、2-3、3-3、4-3、5-3 的水平向速度随时间变化情况，如图 6.3 所示，由图 6.3 可知：

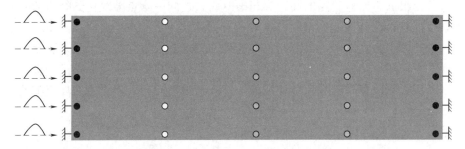

图 6.2　左、右两端均为固定边界设置

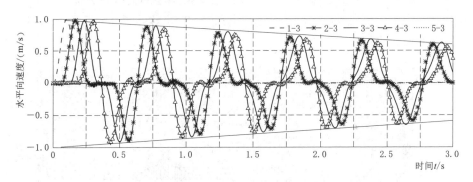

图 6.3　固定边界时在输入脉冲波作用下的内部测点水平向速度时程图

（1）监测点 1-3 位于离散元模型的左侧边界上，作为脉冲波的输入端，其水平向速度变化与脉冲波完成相同。在计算开始后，监测点 1-3 在脉冲波的作用下立即开始振动，并在 0.1s 时达到峰值速率 1m/s，0.2s 后随着输入脉冲波的结束其水平向速率变为 0m/s。在随后计算中，由于监测点 1-3 所在的左侧边界为固定边界，其速率始终保持为 0m/s。由于监测点 1-5 位于右侧的固定边界，其速率始终保持为 0m/s。

（2）监测点 2-3 在 0.064s 左右起振，其水平向速率在 0.165s 时达到峰值 0.983m/s；监测点 3-3 在 0.127s 左右起振，其水平向速率在 0.233s 时达到峰值 0.979m/s；监测点 4-3 在 0.195s 左右起振，其水平向速率在 0.302s 时达到峰值 0.959m/s。上述数据表明，监测点 2-3、3-3、4-3 从起振到达到峰值所需时间均接近 0.1s，即 $T/2$，并且随着脉冲波的传播，监测点观测到的速度峰值在逐渐减小。在随后的传播过程中，监测点 4-3、3-3、2-3 的速度依次转变为负值，表明脉冲波在碰到右端固定边界时发生十分明显的反射，脉冲波由向右传播变为向左传播。在后续传播过程中，监测点 2-3、3-3、4-3 的速度表现为正、负值周期性变化的特点，表明脉冲波不断在左、右两端的固定边界处不断发生反射。

（3）根据不同监测点的间距和起振时间，或同一测点多次达到峰值的时间差，可计算出该离散元模型的宏观 P 波传播速率为 3955m/s。

（4）在本次计算中，离散元模型的局部阻尼系数设定为 0，但离散元模型中的水平向速率峰值仍呈现出近似直线形式的衰减趋势。这主要是由于颗粒间存在摩擦力，摩擦耗能导致脉冲波的能量逐渐被消耗，表现为速度峰值随着时间不断衰减。

6.2.2　反射端黏性边界动力响应分析

为验证反射端黏性边界的吸波效果，将离散元模型的左侧边界设定为固定边界，对右侧反射端施加黏性边界，脉冲波从模型左侧输入，如图 6.4 所示。在计算过程中，监测模型中部监测点 1-3、2-3、3-3、4-3、5-3 的水平向速度随时间变化情况。

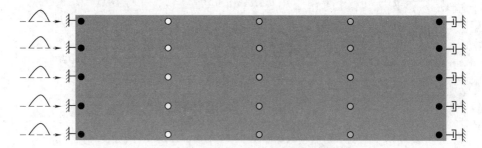

图 6.4　右侧反射端为黏性边界的设置

在黏性边界设定中，不同取值的修正系数意味着施加在黏性边界上的约束力大小不同，因此黏性边界的吸波效果明显受到修正系数的影响。若修正系数小于真实值，意味着施加在边界上的约束力小于波动对颗粒的作用力，造成黏性边界吸收不彻底，剩余波动残存在模型内部再次引起反射、干扰。若修正系数大于真实值，则意味着施加在边界上的约束力大于波动对颗粒的作用力，多余的约束力会引起新的波动，使模型仍不能达到最佳状态。因此，需要通过人工试算来标定各个黏性边界的两向修正系数，本次离散元模型的右侧反射端黏性边界的 P 波修正系数为 0.61，其吸收效果如图 6.5 所示。

相比于固定边界的监测结果，当右侧反射端为黏性边界时，监测点 1-3、

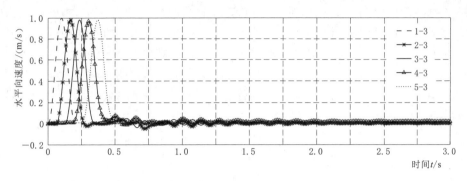

图 6.5　反射端黏性边界时内部测点的水平向速度时程图

2-3、3-3、4-3 在起振后一个周期内的振动与固定边界相同，但随后各测点的速度迅速减小，在 $-0.05 \sim 0.06 \mathrm{m/s}$ 范围内细微波动，并逐渐接近于 $0 \mathrm{m/s}$。上述监测点的速度变化过程表明，当脉冲波从左侧传递至右侧后，绝大多数的波动被右侧黏性边界所吸收。与此同时，离散元模型内仍存在一定的波动，其可能原因为：由于顶部、底部固定边界的颗粒凹凸不平，造成水平向脉冲在传递过程中在顶部、底部固定边界产生微弱的反射、传递，造成波动无法在短时间内被黏性边界全部吸收。当全部边界采用黏性边界时，上述现象会得到明显改善。此外，在本次计算中，由于右侧黏性边界没有强制约束边界颗粒速度，因此能够观测到监测点 5-3 的速度变化。

6.2.3　入射端黏性边界动力响应分析

在进行地震工况动力时程分析时，仿真模型的底部边界通常为地震波的入射端，为吸收由模型顶部自由边界反射回的地震波，其底部入射段边界也应设定为黏性边界。因此，对于既为地震波入射端又为黏性边界的底部边界，其黏性边界的计算公式应采用式（6.2）。为验证入射端黏性边界的吸波效果，在离散元模型的左侧边界施加黏性边界，对右侧施加黏性固定边界，脉冲波从模型左侧输入，如图 6.6 所示。在计算过程中，监测模型中部监测点 1-3、2-3、3-3、4-3、5-3 的水平向速度随时间变化情况。

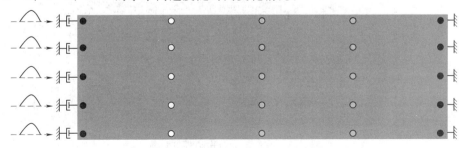

图 6.6　左侧入射端为黏性边界的设置

通过标定计算，该离散元模型左侧入射端的黏性边界 P 波修正系数为 0.65，其吸收效果如图 6.7 所示。在 0~0.65s 内，监测点的响应与固定边界基本相同。在 0.75s 后，各测点的速度迅速减小，在 −0.05~0.06m/s 范围内波动，并逐渐接近于 0m/s。上述监测点速度变化过程表明，当脉冲波再次到达左侧时，绝大多数的波动被左侧黏性边界所吸收，表明左侧入射端黏性边界的设置基本正确。

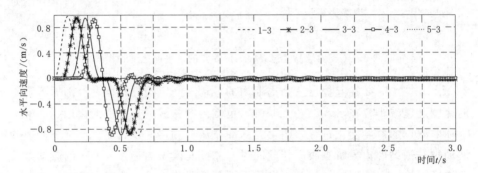

图 6.7   入射端为黏性边界时内部测点的水平向速度时程图

通过上述分析，展示了反射端、入射端的 P 波黏性边界修正系数标定结果，及黏性边界的吸波效果，同样对于反射端、入射端的 S 波需标定其黏性边界修正系数。

6.2.4   自由边界动力响应分析

由于数值仿真模型的顶部通常地面与建筑物表明，为自由边界，为明确地震波在自由边界下的反射情况，对自由边界下的离散元模型进行计算，如图 6.8 所示。离散元模型左侧为黏性边界，右侧为自由边界，随后对模型左侧边界施加脉冲波。在计算过程中，监测模型中部监测点 1-3、2-3、3-3、4-3、5-3 的水平向速度随时间变化情况，自由边界对脉冲波的反射情况如图 6.9 所示，由图 6.9 可知：

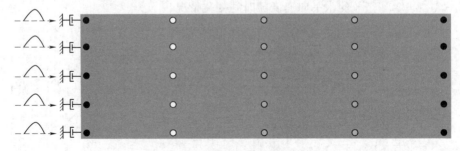

图 6.8   右端均为自由边界的设置

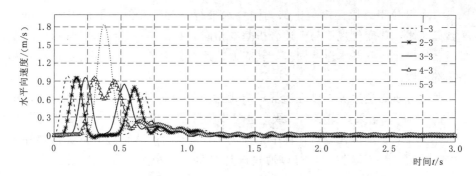

图 6.9 自由边界时输入脉冲波的内部测点水平向速度时程图

（1）自由边界下的监测点 1-3、2-3、3-3 在 0～0.35s 内的运动情况与其他边界相同，但其后监测点受到了传播方向为从右向左，速度方向为从左向右的波动作用，监测点速度再次升高。随后的半个周期内，监测点速度始终保持为正值，及监测点速度方向始终为由左向右传递，直至波动被左侧黏性边界逐步吸收。上述监测结果表明，当脉冲波在自由边界发生反射后，虽波动的传播方向发生转变，但速度方向未发生变化，及波动的传播方向与速度方向反向。

（2）在冲击波作用下，监测点 4-3 在 0.3s 左右达到峰值 1m/s，随后测点速度开始下降。当监测点 4-3 速度减至 0.6m/s 时，速度再次升高，并在 0.45s 左右达到峰值 1m/s，形成"驼峰"形状，其主要原因是：当监测点 4-3 速度减至 0.6m/s 时，由自由边界反射回的冲击波再次到达监测点 4-3，造成速度叠加。

（3）受脉冲波以及脉冲波反射的叠加作用，监测点 5-3 在 0.35s 左右达到峰值 1.82m/s，主要由自由边界反射回的脉冲波形成叠加引起。此外，监测点 5-3 在 0.52s 后逐步减小至 0m/s，而是产生了多个峰值较小的波动，全部监测点速度在 1.2s 后接近 0m/s。上述现象表明脉冲波能量未一次全部返回，自由边界处的颗粒在反射回绝大部分能量后，还反射了多次峰值较小的波动。

（4）在右侧自由边界反射回地震波后的 0.35～0.78s 内，监测点 1-3、2-3、3-3、4-3 的速度峰值下降幅度明显加快，表明脉冲波未全部返回，脉冲波能量有所减弱。

（5）在脉冲波主体被左侧黏性边界吸收后，全部监测点的速度仍存在极微小幅度的波动，表明左侧的黏性边界在前期中吸收了脉冲波的大部分能量，当由于脉冲波在离散介质传播过程中形成各种角度的散射，在后续计算中左侧边界仍在不断吸收峰值较小的回波，直至全部脉冲波能量被黏性边界吸收。

在上述离散元计算结果分析中，选取分析的监测点 1-3、2-3、3-3、

4-3、5-3 位于离散元模型中部的同一水平行，对于其他水平行内测点的速度时程曲线，其变化规律与上述分析基本相同。对于同一竖向列的监测点，各监测点的变化情况基本保持同步，其起振、达到最大值、衰减的发生时刻及大小基本一致。

通过分析固定边界、黏性边界、自由边界对脉冲波的反射特点，与 Zhou 等[138,139] 的仿真结果规律基本一致，进一步验证了在离散元中实现黏性边界的可行性。在上述离散元分析计算中，标定了反射边界、入射边界的黏性边界 P 波修正系数，对于 S 波同样可以通过施加竖直向荷载力、标定修正系数的方式，实现考虑 S 波的黏性边界的建立。

6.3 堆石边坡工程地震时程分析

6.3.1 地震工况离散元模型构建

为分析堆石边坡在地震工况下的运动过程，建立堆石边坡的离散元黏性边界模型，堆石边坡的初始模型及初始力链如图 6.10（a）、（b）所示，主要完成地震工况的前期计算，地震工况后期的堆石边坡模型如图 6.10（c）所示。在堆石边坡地震工况计算的前期（0～10s），为更好地模拟地震波在地基的传播过程以及地基对堆石边坡体的作用力，地基将采用球体颗粒进行模拟。10s 后，在保证堆石边坡地震分析精度前提下，进一步优化堆石边坡离散元模型，采用 Wall 代替 ball 形式模拟堆石边坡地基，以大幅度降低颗粒数量，加快模型计算速度。地震工况下堆石边坡离散元模型的水平向、竖直向尺寸分别为945m、312m，初始模型共有 20079 个球体，其中基岩 12798 个球体，石笼挡墙以上堆石料 4614 个球体，石笼挡墙与混凝土挡墙间的堆石料 2667 个球体。为保持边坡模型整体稳定，对模型左侧、右侧边界颗粒施加一定的水平向约束

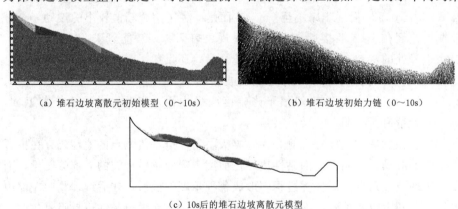

（a）堆石边坡离散元初始模型（0～10s）　　　　　　（b）堆石边坡初始力链（0～10s）

（c）10s后的堆石边坡离散元模型

图 6.10　地震工况下堆石边坡的离散元模型及黏性边界设置

力，对模型底部颗粒施加一定的水平向、竖直向约束力，同时模型的左侧、右侧、底部边界设置为黏性边界，能够吸收地震波的 P 波、S 波。

采用相应的离散元黏性边界修正系数的标定方法，标定堆石边坡离散元模型的黏性边界修正系数见表 6.1。此外，将离散元模型的局部阻尼设定为 0。采用实际发生或人工合成的地震波用于堆石边坡动力时程分析，对明确边坡地震响应、破坏机制、滑坡灾害演变过程等研究均具有重要意义。在地震工况分析中，竖向地震波对于边坡的破坏作用非常明显，且当竖向地震作用出现发生破坏时，耦合的横向地震会使破坏效果减轻[265]。因此，本次分析将地震波以 S 波的形式输入到离散元模型底部黏性边界中，同时为加快堆石边坡离散元模型的计算速度，将截取包含地震波主要震动的 EI centro 地震波前 6s。地震前 10s 离散元计算耗时 17 小时 01 分，10s 至计算结束共耗时 54 小时 22 分。

表 6.1   堆石边坡离散元黏性边界修正系数

地震波类型	波　速	左侧边界	右侧边界	底部边界
P 波	3512	0.97	0.96	1.02
S 波	1853	0.65	0.68	0.61

本次计算将采用 EI centro 南北向地震波，时间间隔 0.02s，总持续时间 30s，最大加速度 $3.42m/s^2$ 出现 2.14s，最大速度 0.38m/s 出现在 2.2s，其加速度、速度时程曲线如图 6.11 所示。由于离散元模型由大量颗粒组成，其时步通常为 $10^{-4}s$，若完成 EI centro 地震波全时程计算将会耗费大量时间。为节约计算成本且反映地震响应主要特征，本次计算将截取 EI centro 地震波的前 6s 地震时程，作为离散元模型动力分析的输入地震波，其包含了地震中绝大多数的加速度、速度极值，能够反映出模型的最大响应情况。

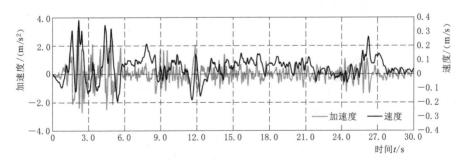

图 6.11   EI centro 地震波的加速度和速度时程曲线

此外，地基颗粒的主要作用是模拟地震波在，为防止颗粒间的黏结在地震波传播过程中发生破坏，适当调大地基颗粒的黏结强度。为掌握堆石边坡的各部位地震响应情况，在离散元模型内部共布置 37 个监测点，分别用于监测地基、堆石边坡的速度、配位数变化等，测点位置分布如图 6.12 所示。

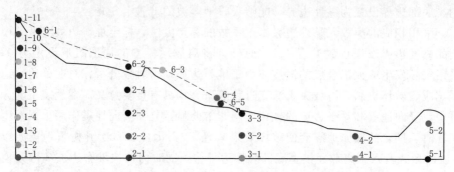

图 6.12　地震工况堆石边坡的监测点位置分布

6.3.2　堆石边坡失稳演变过程分析

基于上述离散元模型进行堆石边坡的地震工况失稳演变过程模拟，整个失稳演变过程共持续 114.5s，其平均不平衡力与平均接触力之比变化如图 6.13 所示。堆石边坡地震工况的前 10s 可分为地震输入与地震结束两个阶段，如图

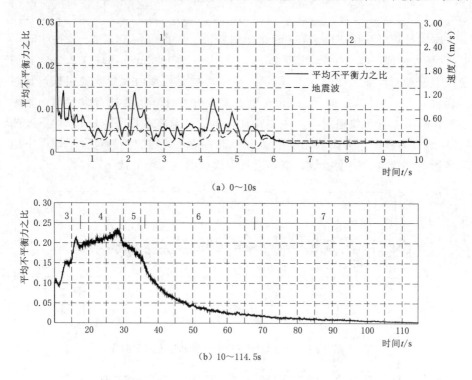

（a）0～10s

（b）10～114.5s

图 6.13　地震工况下堆石边坡的平均不平衡力比变化

1—地震输入；2—地震结束；3—加速运动；4—高速运动；

5—减速运动；6—逐步稳定；7—个别石块运动并趋于稳定

148

6.13（a）所示。在地震输入阶段，不平衡力之比的变化与输入地震波呈现出一定的关联性，当地震加速度为极值时，不平衡力之比几乎同时达到极值，主要原因为：在地震波的作用下，多数颗粒受到地震动的胁迫产生运动，颗粒在周围颗粒的裹挟作用下必然出现较大的不平衡。随着地震速度的增大，多数颗粒的不平衡力增大，两者几乎在同时达到极值。地震结束后，虽然大量堆石边坡块石运动逐步启动，但颗粒数量庞大的地基运动已经停止，致使图6.13（a）中的第二阶段的不平衡力之比增长较为缓慢。

当前 6s 的地震结束，在 10s 后将大量已停止运动的地基颗粒去除，导致图 6.13（b）中 10s 后的平均不平衡力值出现明显增长。震后的 10～114.5s，堆石边坡的表现可分为 5 个阶段：加速运动、高速运动、减速运动、逐步稳定、个别石块运动并趋于稳定。在加速运动阶段，堆石边坡运动主要表现为堆石边坡上部的大量块石滑出，越过石笼挡墙滑向下游；在高速运行阶段，由堆石边坡上部滑落的石块与堆石边坡中下部块石混合，以较高的速度越过混凝土挡墙，滑向堆石边坡底部、下游河床，同时部分重量较小的块石被抛掷空中；在减速运动阶段，下滑颗粒滑至河床，被河床对岸阻挡后反射并停留在河床底部；在逐步稳定阶段，大规模的块石运行已趋于稳定，坡体底部的块石滑落陆续滑至河床，块石运动逐步趋于稳定。地震工况下堆石边坡各阶段的体型变化如图 6.14 所示。

6.3.3 地震工况堆石边坡速度分析

为验证黏性边界效果、剖析地震波在边坡内部的传播规律，在离散元模型中堆石边坡的基础内部共布设 32 个监测点，用于监测坡体的水平向振动。选取靠近模型底部的 876.00m 高程监测点组为研究对象，各测点的速度时程曲线如图 6.15 所示。由图 6.15 可知：①各测点的水平向速度时程曲线变化趋势、规律与地震波基本相同，表明黏性边界能够起到吸收地震反射波的作用；②在计算初期，监测点 1-3 与 5-2 速度呈现出一定的波动变化，在 0.8s 后保持相对稳定，其可能原因为黏性边界施加后，边界颗粒需要一定的时间进行迭代调整至稳定状态；③该水平向监测点组的最大速度为监测点 3-3，在 2.22s 时达到峰值速度 0.47m/s，约为地震波最大速度的 1.30 倍；④当监测点速度达到极值时，通常表现为监测点 3-2 速度最大，监测点 2-2、4-2 次之，监测点 1-3、5-2 较小，呈现出模型左、右两侧颗粒速度小，中部颗粒速度大的特点；⑤当地震在 6s 结束后，监测点速度小幅度震荡并逐步减小，在 7.1s 后趋近于 0m/s，表明在地震结束后黏性边界迅速吸收了离散元模型内部的地震波，较好地模拟了地震波在地基中自然、迅速的消散过程。

为剖析地震波在边坡内部的竖直向传播规律，在左侧黏性边界附近布置了竖直向监测点组，其速度时程曲线如图 6.16 所示，由图 6.16 可知：①该竖直

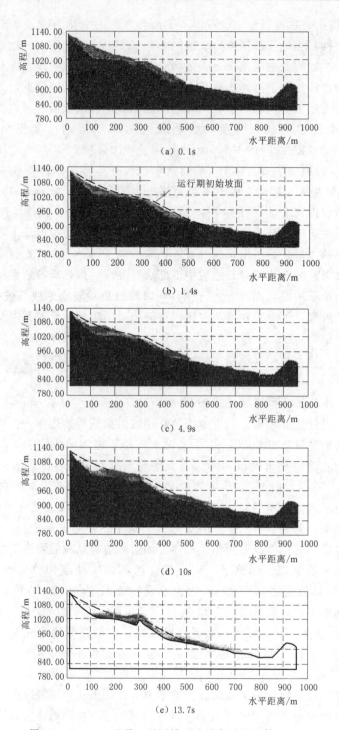

图 6.14（一）　地震工况下堆石边坡各阶段的体型变化

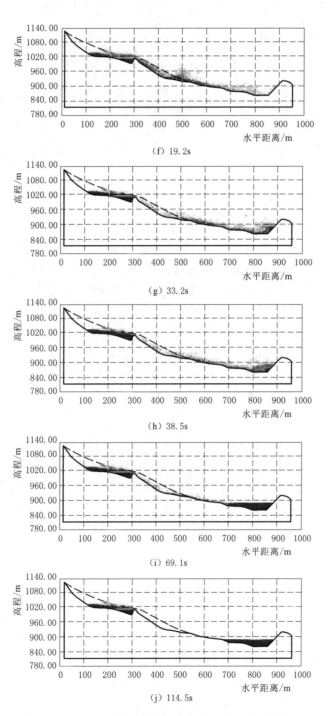

（f）19.2s

（g）33.2s

（h）38.5s

（i）69.1s

（j）114.5s

图 6.14（二）　地震工况下堆石边坡各阶段的体型变化

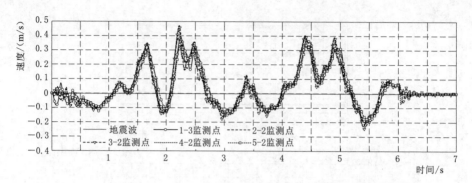

图 6.15　地震工况下 876.00m 高程水平向监测点组的速度时程曲线

向监测点组的水平向速度变化与地震波基本相同，但表现出一定的滞后性，测点所在高程越高其滞后性越明显；②在计算初期，黏性边界上监测点的速度均呈现出一定的波动变化，在 0.8s 后能够保持相对稳定，其可能原因为黏性边界施加后边界颗粒需要一定的时间迭代调整至稳定状态；③在黏性边界下，该竖直向测点组的最大速度为监测点 3-1，在 2.35s 时的峰值速度为 0.42m/s，约为地震波最大速度的 1.10 倍；④位于堆石边坡模型底部边界的监测点1-1，其速度时程曲线与地震波较为相似，但其在极值处略大于地震波，表明底部的黏性边界仍有一定运动空间，而非固定边界下底部颗粒完全固定；⑤当地震在 6s 结束后，监测点速度小幅度震荡并逐步减小，在 6.8s 后趋近于 0m/s。

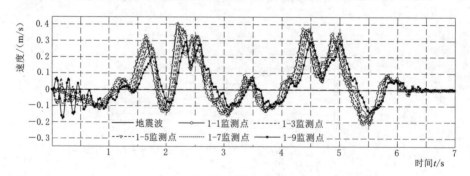

图 6.16　地震工况下左侧黏性边界监测点组速度时程曲线

此外，在水平向 250m 处同样布设了竖直向监测点组，其速度时程曲线如图 6.17 所示，由图 6.17 可知：该监测点组速度时程曲线的极值随着监测点高程增高而递增，表明地震波沿高程的放大效果。该监测点组的变化规律与左侧黏性边界监测点组基本相同，再次验证了黏性边界能够较好地模拟了地震波在地基中自然、迅速地消散过程。通过上述分析可知，相比于固定边界，采用黏性边界后堆石边坡离散元模型基础内部的颗粒地震响应更接近自然状态，基础

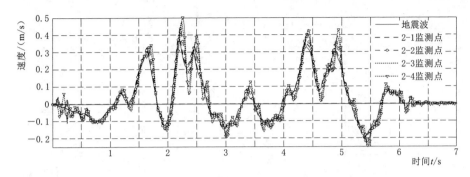

图 6.17　地震工况下水平向 250m 监测点组的速度时程曲线

能够较好的将地震波传递给堆石边坡，为准确分析堆石边坡地震响应奠定了基础。

在地震工况下堆石边坡失稳演变过程中，块石的平均水平向速度、平均竖直向速度和平均速度变化如图 6.18 所示，水平向速度以顺坡向为正，竖直向速度以向上为正。由图 6.18 可知：①在地震波作用下的初始阶段（0～1.2s），堆石边坡上部迅速下滑，块石的平均竖直向速度较水平向增长更为迅速，相应平均速度的增长较快；②在随后的震动中（1.2～2.7s），堆石边坡上部以及中下部前端，在其后缘的推动下滑向下游，表现为平均水平向速度的快速增长和平均竖直向速度的减小，平均速度保持稳定；③在后续的滑出过程中（2.7～10s），平均速度、平均水平向速度均呈现出增长趋势，平均竖直向速度呈现出一定的波动；④在进入匀速滑坡阶段后（10～28s），堆石边坡上部的大量块石滑出，并与堆石边坡中下部混合后向河床部位运动，平均速度、平均水平向速度表现稳定，平均竖直向速度波动明显；⑤在后续滑动过程中（28～114.5s），大量块石抵达并停滞在河床部位，小部分块石也逐步趋于稳定，平均速度均表现出逐步减小。综上所述，在地震作用下，块石的速度变化规律与失稳各阶段相符合，平均水平向速度表现为加速、匀速、减速，平均竖直向速度呈现波动状态，块石速度以水平向速度为主、竖直向速度为辅。

为掌握堆石边坡上块石在地震工况下的运动情况，在堆石边坡上部的顶端、底部布置了监测点 6-1、6-2，堆石边坡中下部的顶端、底部布置了监测点 6-3、6-4，其速度时程曲线如图 6.19 所示。由图 6.19 可知：①位于堆石边坡上部的顶端位置的监测点 6-1，其块石在地震作用下迅速下滑，后在堆石边坡上部前端的阻挡下速度减慢，因此其速度总体表现为先增长后平稳，在 20s 后基本停止运动，最终停留在石笼挡墙的上游侧；②位于堆石边坡上部前端的监测点 6-2，其块石速度虽表现出波动但始终维持较小的值，主要原因是块石在坡体后缘的推动下表现出向下运动的趋势，但受到前部石笼挡墙的

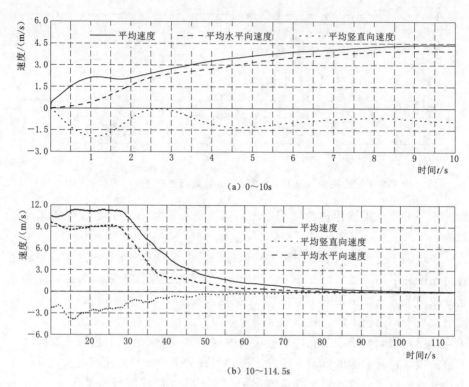

（a）0～10s

（b）10～114.5s

图 6.18　地震工况下堆石边坡块石的平均速度变化

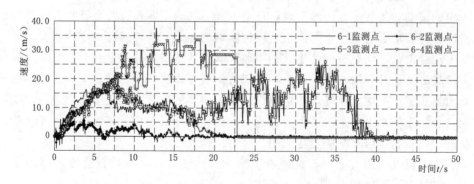

图 6.19　地震工况下堆石边坡若干块石的速度时程曲线

阻挡其未能滑向下游，最终停留在石笼挡墙的上游侧；③位于堆石边坡中下部顶端的监测点 6-3，其速度变化可分为下滑、加速滑向河床两个阶段，在 40s 时抵达并停留在河床部位；④位于堆石边坡中下部底部的监测点 6-4，其运动速度不断增大，在 23s 时抵达并停留在河床部位，其块石向下游沟道运动且速度不断增大，表明堆石边坡底部的混凝土挡墙未能十分有效的发挥阻挡作用。由堆石边坡上部的监测点 6-1、6-2 可知,石笼挡墙对阻挡堆石边坡上部下滑发挥了明显的作用。由堆石边坡中下部的监测点 6-3、6-4 可知,堆石边坡底部的混凝土挡墙未能发挥十分有效的阻挡作用。

6.3.4 地震工况堆石边坡运动分析

在地震工况下,堆石边坡初始状态(0s)、地震结束(6s)、10s、最终状态(114.5s)的块石分布如图 6.20 所示,由图 6.20 可知:在水平方向上,堆石边坡由初始状态的 0~480m 失稳后扩展至 82~870m,且块石数量的峰值由321 个明显下降至 246 个。随着失稳进行,块石水平向分布曲线出现右移,表明块石在水平向的运行趋势是滑向下游侧,最终主要堆积在石笼上游侧、河床两个位置。在竖直方向上,块石所在位置的最大高程值下降,同时块石分布曲线出现下移。此外,在边坡失稳演变过程中,块石最大堆积部位由堆石边坡上部转移至河床,最终堆石边坡由原始集中分布转变为在石笼挡墙上游侧、河床两处集中分布。

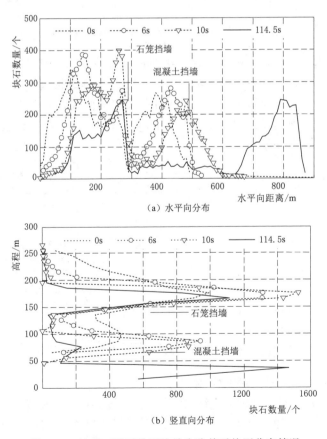

（a）水平向分布

（b）竖直向分布

图 6.20　地震工况下堆石边坡失稳前后块石分布情况

在地震工况下堆石边坡失稳过程中,块石在6s、最终状态下水平向、竖直向位移统计如图6.21所示,水平向位移以顺坡向为正,竖直向位移以向上为正。由图6.21可知:随着滑动发生时间的推移,石块运动趋势较为明显,最终分布较为均匀。对于块石的水平向位移,运动距离小于10m的块石数量最多。对于块石的竖直向位移,下降高度为15m左右的块石数量最多。

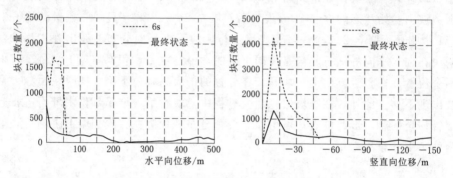

图6.21 地震工况下堆石边坡的块石位移统计

在地震工况下,越过特征位置的堆石数量随时间变化如图6.22所示,由图6.22可知:对于石笼挡墙位置,其上部块石不断的越过该位置滑向下游,在地震发生30s后逐渐趋于稳定。对于混凝土挡墙位置,滑动启动后堆石边坡中下部的块石迅速越过该位置,并在35s得到初步稳定。对于到达河床底部位置的块石数量,其在40s后基本无变化。

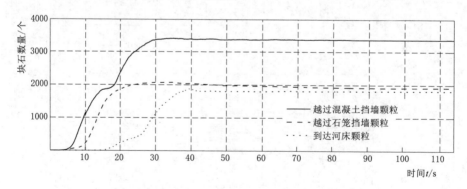

图6.22 地震工况下越过特征位置的堆石数量统计

6.3.5 地震工况堆石边坡特征分析

在地震工况下堆石边坡失稳结束后,越过石笼挡墙、越过混凝土挡墙和到达河床等三个特征位置的块石粒径如图6.23所示,由图可知:相比于堆石边坡的整体级配情况,越过石笼挡墙、越过混凝土挡墙、到达河床的块石粒径均表现出明显的递增趋势，表明在地震工况下，粒径大的块石更容易滚落至更远的位置。

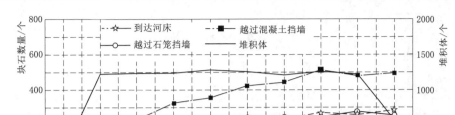

图 6.23　地震工况下越过特征位置的块石粒径统计

6.4　本章小结

本章主要结论如下：

（1）为实现地震工况下的离散元动力分析，梳理了黏性边界的基本理论与方法，在此基础上实现了离散元黏性边界的建立。为验证离散元模型黏性边界的可行性与有效性，分别分析了固定边界、黏性边界、自由边界条件下离散元模型内部的速度变化规律，证明了在离散元模型中实现黏性边界的可行性。

（2）采用离散元时程分析方法，计算地震工况下堆石边坡的响应情况，从边坡失稳演变过程、监测点速度变化、典型块石速度变化、平均速度变化、块石位置分布、块石位移、越过特征位置统计等角度分析了地震工况下堆石边坡的失稳演变过程。表明石笼挡墙对阻挡堆石边坡上部下滑发挥了明显的作用，而堆石边坡底部的混凝土挡墙未能发挥十分有效的阻挡作用。此外，在地震工况下，粒径大的块石更易滚落至更远的位置。

参 考 文 献

[1] VOZNESENSKY E A, FUNIKOVA V V, BABENKO V A. Deformability properties of model granular soils under true triaxial compression conditions [J]. Moscow University Geology Bulletin, 2013, 68 (4): 253 - 259.

[2] 孔宪京, 贾革续, 邹德高, 等. 微小应变下堆石料的变形特性 [J]. 岩土工程学报, 2001, 1: 32 - 37.

[3] 徐佩华, 黄润秋, 邓辉, 等. 高烈度区浸水高填石路堤变形和稳定性的数值模拟研究 [J]. 工程地质学报, 2011, 19 (1): 109 - 115.

[4] MARANHA D N E. Advances in Rockfill Structures [M]. Springer: NATO ASI Series E: Applied Scierce, 1991.

[5] 中华人民共和国水利部. 2018 年全国水利发展统计公报 [M]. 北京: 中国水利水电出版社, 2019.

[6] 谭界雄, 李星, 杨光, 等. 新时期我国水库大坝安全管理若干思考 [J]. 水利水电快报, 2020, 41 (1): 55 - 61.

[7] 杨泽艳, 王富强, 吴毅瑾, 等. 中国堆石坝的新发展 [J]. 水电与抽水蓄能, 2019, 5 (6): 36 - 40, 45.

[8] 汪小刚. 高土石坝几个问题探讨 [J]. 岩土工程学报, 2018, 40 (2): 203 - 222.

[9] 周伟, 马刚, 刘嘉英, 等. 高堆石坝筑坝材料宏细观变形分析研究进展 [J]. 中国科学: 技术科学, 2018, 48 (10): 1068 - 1080.

[10] CUNDALL P A, Strack O D. A discrete numerical model for granular assemblies [J]. Geotechnique, 1979, 29 (1), 47 - 65.

[11] 孙其诚, 厚美瑛, 金峰. 颗粒物质物理与力学 [M]. 北京: 科学出版社, 2011.

[12] 李守巨. 基于计算智能的岩土力学模型参数反演方法及其工程应用 [D]. 大连: 大连理工大学, 2004.

[13] 姜弘道, 陈国荣, 赵洪臣, 等. 岩土工程中的反分析方法及其应用 [J]. 工程力学, 1998, 15: 87 - 99.

[14] RICHARD C A, BRIAN B, CLIFFORD H T. Parameter Estimation and Inverse Problems, Third Edition [M]. Elsevier, 2019.

[15] WILLIAM W G Y. Review of Parameter Identification Procedures in Groundwater Hydrology: The Inverse Problem [J]. Water Resources Research, 1986, 22 (2). 95 - 108.

[16] 李占超, 侯会静. 基于改进粒子群优化算法的施工期拱坝结构性态反演分析 [J]. 水利水电科技进展, 2011, 31 (4): 24 - 28.

[17] 刘迎曦, 李守巨, 李正国, 等. 岩体渗透系数反演的数值方法及其适定性 [J]. 辽宁工程技术大学学报 (自然科学版), 2000, 4: 375 - 378.

[18] 翁世有. 非均匀介质的大型混凝土坝绕坝渗流系统的最优线态控制 [D]. 长春: 东

北师范大学，2006.

[19] HUANG Y Y. Study of uniqueness of multi‐parameter inverse analysis of elastic displacement of concrete gravity dam [J]. Engineering Optimization，2020.

[20] 黄耀英，殷晓慧，李春光. 混凝土重力坝多参数弹性位移反演分析不唯一性理论探讨 [J]. 应用数学和力学，2020，41（2）：171-181.

[21] 肖磊，黄耀英，万智勇. RCC坝力学参数反演不唯一性概率统计分析方法探讨 [J]. 长江科学院院报，2019，36（7）：41-47.

[22] 王建，岑威钧，张煜. 邓肯-张模型参数反演的不唯一性 [J]. 岩土工程学报，2011，33（7）：1054-1057.

[23] ZHOU C B，LIU W，CHEN Y F，et al. Inverse modeling of leakage through a rockfill dam foundation during its construction stage using transient flow model，neural network and genetic algorithm [J]. Engineering Geology，2015，187：183-195.

[24] CALVELLO M，FINNO R J. Selecting parameters to optimize in model calibration by inverse analysis [J]. Computers and Geotechnics，2004，31（5）：410-424.

[25] 赵同彬，谭云亮，张玉明，等. 巷道工程位移反分析的可反演性评价研究 [J]. 采矿与安全工程学报，2006（2）：224-227，232.

[26] KAVANGH K，CLOUGH R W. Finite element applications in the characterization of elastic solids [J]. International Journal of Solids and Structures，1971，7：11-23.

[27] GIODA G，SAKURAI S. Back analysis procedures for the interpretation of field measurements in geomechanics [J]. International Journal for Numerical and Analytical Methods in Geomechanics，1987，11（6）：555-583.

[28] GIODA G，MAREI G. Indirect identification of the average elastic characteristics of rock masses [C]. International Conference on Structural Foundations on Rock，1980，Sydney，Australia. Foundation on Rock，Sydney，1980.

[29] CIVIDINI A，MAIER G，NAPPI A. Parameter estimation of a static geotechnical model using a bayes' approach [J]. International Journal of Rock Mechanics and Mining Science and Geomechanics Abstracts，1983，20（5）：215-226.

[30] ASAOKA A，MATSUO M. An inverse problem approach to the prediction of multi‐dimensional consolidation behavior [J]. Soils and Foundations，1984，24（1）：49-62.

[31] SPATHIS G，KONTOU E，THEOCARIS S. Network characterization of a polyfunctional crosslinked system [J]. Journal of Macromolecular Science，Part B，1987，26（4）：509-524.

[32] DENG D，NGUYEN‐MINH D. Identification of rock mass properties in elasto‐plasticity [J]. Computers and Geotechnics，2003，30（1）：27-40.

[33] 杨志法，熊顺成，王存玉，等. 关于位移反分析的某些考虑 [J]. 岩石力学与工程学报，1995，14（1）：11-16.

[34] 李素华，朱维申. 优化方法在弹性、横观各向同性以及弹塑性围岩变形观测反分析中的应用 [J]. 岩石力学与工程学报，1993，12（2）：105-114.

[35] 孙道恒，胡俏，徐灏. 固体力学有限元的神经计算原理 [J]. 机械工程学报，1996，

32（6）：20 - 25.

[36] 王登刚，刘迎曦，李守巨. 基于遗传算法的岩体初始应力场反演 [J]. 煤炭学报，2001，26（1）：13 - 17.

[37] 杜好. 基于微粒群算法的堆石坝坝料参数反演分析 [D]. 大连：大连理工大学，2006.

[38] 闵毅. 基于遗传-BP 网络的某均质坝 E - B 模型参数反演方法研究 [D]. 西安：西安理工大学，2011.

[39] 刘振平，迟世春，任宪勇. 基于土石坝动力特性的坝料动力参数反演 [J]. 岩土力学，2014，9：2594 - 2601.

[40] 杨荷，周伟，马刚，等. 基于响应面法的高堆石坝瞬变-流变参数反演方法 [J]. 岩土力学，2016，37（6）：1697 - 1705.

[41] 沈珠江，赵魁芝. 堆石坝流变变形的反馈分析 [J]. 水利学报，1998，29（6）：1 - 6.

[42] YU Y, ZHANG B, YUAN H. An intelligent displacement back - analysis method for earth - rockfill dams [J]. Computers and Geotechnics, 2007, 34（6）：423 - 434.

[43] ZHOU W, HUA J, CHANG X, et al. Settlement analysis of the Shuibuya concrete - face rockfill dam [J]. Computers and Geotechnics, 2011, 38（2）：269 - 280.

[44] 康飞，李俊杰，许青. 堆石坝参数反演的蚁群聚类 RBF 网络模型 [J]. 岩石力学与工程学报，2009，28（2）：3639 - 3644.

[45] 马刚，常晓林，周伟，等. 高堆石坝瞬变-流变参数三维全过程联合反演方法及变形预测 [J]. 岩土力学，2012，33（6）：1889 - 1895.

[46] 李守巨，张军，梁金泉，等. 基于堆石坝竣工期沉降观测数据的材料非线性本构模型参数反演 [J]. 岩土力学，2014，35（2）：61 - 67.

[47] ZHAO H B, YIN S. Geomechanical parameters identification by particle swarm optimization and support vector machine [J]. Applied Mathematical Modelling, 2009, 33（10）：3997 - 4012.

[48] ZHENG D J, CHENG L, BAO T F, et al. Integrated parameter inversion analysis method of a CFRD based on multi - output support vector machines and the clonal selection algorithm [J]. Computers and Geotechnic, 2013, 47：68 - 77.

[49] 倪沙沙，迟世春. 基于粒子群支持向量机的高心墙堆石坝渗透系数反演 [J]. 岩土工程学报，2017，39（4）：727 - 734.

[50] 杨杰. 大坝安全监控不确定性问题的分析方法与应用研究 [M]. 北京：中国水利水电出版社，2011.

[51] LI L K, WANG Z J, LIU S H, et al. Calibration and performance of two different constitutive models for rockfill materials [J]. Water Science and Engineering, 2016, 9：227 - 239.

[52] LEDESMA A, GENS A, ALONSO E E. Estimation of parameters in geotechnical backanalysis—I. Maximum likelihood approach [J]. Computers and Geotechnics, 1996, 18：1 - 27.

[53] 朱晟，王永明，胡祥群. 免疫遗传算法在土石坝筑坝粗粒料本构模型参数反演中的应用研究 [J]. 岩土力学，2010，31：961 - 966.

[54] LEVASSEUR S, MALÉCOT Y, BOULON M, et al. Soil parameter identification u-

sing a genetic algorithm [J]. International Journal for Numerical and Analytical Methods in Geomechanics, 2010, 32: 189 - 213.

[55] JUANG C H, LUO Z, ATAMTURKTUR S, et al. Bayesian updating of soil parameters for braced excavations using field observations [J]. Journal of Geotechnical and Geoenvironmental Engineering, 2012, 139: 395 - 406.

[56] 李守巨, 于申, 孙振祥, 等. 基于神经网络的堆石料本构模型参数反演 [J]. 计算机工程, 2014, 40: 267 - 271.

[57] 张旭方, Pandey M D, 张义民. 结构随机响应计算的一种数值方法 [J]. 中国科学: 技术科学, 2012, 1: 103 - 114.

[58] 李典庆, 蒋水华, 周创兵, 等. 考虑参数空间变异性的边坡可靠度分析非侵入式随机有限元法 [J]. 岩土工程学报, 2013, 35: 1413 - 1422.

[59] 李典庆, 唐小松, 周创兵, 等. 基于 Gaussian Copula 函数的相关非正态岩土体参数不确定性分析 [J]. 中国科学: 技术科学, 2012, 12: 1440 - 1448.

[60] LIZARRAGA S H, LAI C G. Effects of spatial variability of soil properties on the seismic response of an embankment dam [J]. Soil Dynamics and Earthquake Engineering, 2014, 64: 113 - 128.

[61] 杨鸽, 朱晟. 考虑堆石料空间变异性的土石坝地震反应随机有限元分析 [J]. 岩土工程学报, 2016, 38: 1822 - 1832.

[62] 张楚汉. 论岩石、混凝土离散-接触-断裂分析 [J]. 岩石力学与工程学报, 2008, 27 (2): 217 - 235.

[63] 张楚汉. 岩石和混凝土离散-接触-断裂分析 [M]. 北京: 清华大学出版社, 2008.

[64] 石崇, 徐卫亚. 颗粒流数值模拟技巧与实践 [M]. 北京: 中国建筑工业出版社, 2015.

[65] 邵磊, 迟世春, 张勇, 等. 基于颗粒流的堆石料三轴剪切试验研究 [J]. 岩土力学, 2013, 34 (3): 711 - 720.

[66] 邵磊, 迟世春, 贾宇峰. 堆石料大三轴试验的细观模拟 [J]. 岩土力学, 2009, 30 (1): 239 - 243.

[67] XU M, HONG J, SONG E. DEM study on the effect of particle breakage on the macro - and micro - behavior of rockfill sheared along different stress paths [J]. Computers and Geotechnics, 2017, 89: 113 - 127.

[68] 韩洪兴, 陈伟, 邱子锋, 等. 考虑破碎的堆石料二维颗粒流数值模拟 [J]. 岩土工程学报, 2016, 38 (2): 234 - 239.

[69] 刘君, 刘福海, 孔宪京. 考虑破碎的堆石料颗粒流数值模拟 [J]. 岩土力学, 2008, 29 (1): 111 - 116.

[70] HAN H, CHEN W, HUANG B, et al. Numerical simulation of the influence of particle shape on the mechanical properties of rockfill materials [J]. Engineering Computations, 2017, 34 (7): 2228 - 2241.

[71] ALAEI E, MAHBOUBI A. A discrete model for simulating shear strength and deformation behaviour of rockfill material, considering the particle breakage phenomenon [J]. Granular Matter, 2012, 14 (6): 707 - 717.

[72] 杨贵, 肖杨, 高德清. 粗粒料三维颗粒流数值模拟及其破坏准则研究 [J]. 岩土力

学，2010，2：402-406.

[73] 刘海涛，程晓辉. 粗粒土尺寸效应的离散元分析 [J]. 岩土力学，2009，30 (1)：287-292.

[74] 李德. 基于宏观实验数据的岩土材料细观参数反演 [D]. 大连：大连理工大学，2015.

[75] 马幸，周伟，马刚，等. 最小粒径截距对颗粒体数值模拟的影响 [J]. 中南大学学报（自然科学版），2016 (1)：166-175.

[76] CHEN P. Effects of microparameters on macroparameters of flat - jointed bonded - particle materials and suggestions on trial - and - error method [J]. Geotechnical and Geological Engineering，2017，35 (2)：663-677.

[77] TAPIAS M，ALONSO E E，GILI J. A particle model for rockfill behaviour [J]. Géotechnique，2015，65 (12)：975-994.

[78] CABISCOL R，FINKE J H，KWADE A. Calibration and interpretation of DEM parameters for simulations of cylindrical tablets with multi - sphere approach [J]. Powder Technology，2017，327：232-245.

[79] ZHOU W，YANG L，MA G，et al. DEM analysis of the size effects on the behavior of crushable granular materials [J]. Granular Matter，2016，18 (3).

[80] 朱俊高，郭万里，徐佳成，等. 级配和密实度对粗粒土三轴试验影响离散元分析 [J]. 重庆交通大学学报（自然科学版），2017，6：70-74.

[81] ZHOU W，YANG L，MA G，et al. Macro - micro responses of crushable granular materials in simulated true triaxial tests [J]. Granular Matter，2015，17 (4)：497-509.

[82] XIAO Y，LIU H，CHEN Q，et al. Evolution of particle breakage and volumetric deformation of binary granular soils under impact load [J]. Granular Matter，2017，19 (4).

[83] YANG B，JIAO Y，LEI S. A study on the effects of microparameters on macroproperties for specimens created by bonded particles [J]. Engineering Computations，2006，23 (6)：607-631.

[84] YOON J. Application of experimental design and optimization to PFC model calibration in uniaxial compression simulation [J]. International Journal of Rock Mechanics and Mining Sciences，2007，44 (6)：871-889.

[85] 徐小敏，凌道盛，陈云敏，等. 基于线性接触模型的颗粒材料细-宏观弹性常数相关关系研究 [J]. 岩土工程学报，2010，7：991-998.

[86] 赵国彦，戴兵，马驰. 平行黏结模型中细观参数对宏观特性影响研究 [J]. 岩石力学与工程学报，2012，7：1491-1498.

[87] 周喻，吴顺川，焦建津，等. 基于BP神经网络的岩土体细观力学参数研究 [J]. 岩土力学，2011，12：3821-3826.

[88] BENVENUTI L，KLOSS C，PIRKER S. Identification of DEM simulation parameters by artificial neural networks and bulk experiments [J]. Powder technology，2016，291：456-465.

[89] 周博，汪华斌，赵文锋，等. 黏性材料细观与宏观力学参数相关性研究 [J]. 岩土力

学，2012，10：3171－3175，3177.

[90] XU M, HONG J, SONG E. DEM study on the macro－and micro－responses of granular materials subjected to creep and stress relaxation [J]. Computers and Geotechnics，2018，102，111－124.

[91] TAWADROUS A S, DEGAGNÉ D, PIERCE M，et al. Prediction of uniaxial compression PFC3D model micro－properties using artificial neural networks [J]. International Journal for Numerical and Analytical Methods in Geomechanics，2010，33 (18)：1953－1962.

[92] WANG M, CAO P. Calibrating the micromechanical parameters of the pfc2D (3D) models using the improved simulated annealing algorithm [J]. Mathematical Problems in Engineering，2017，1：1－11.

[93] 李子龙. 碾压混凝土坝振动碾压过程细观模拟及压实质量实时控制研究 [D]. 天津：天津大学，2017.

[94] SUN M, TANG H, Hu X，et al. Microparameter prediction for a triaxial compression PFC3D model of rock using full factorial designs and artificial neural networks [J]. Geotechnical and Geological Engineering，2013，31 (4)：1249－1259.

[95] CHENG H, SHUKU T, THOENI K，et al. Probabilistic calibration of discrete element simulations using the sequential quasi－Monte Carlo filter [J]. Granular Matter，2018，20 (1)：11.

[96] SHI C, YANG W, YANG J，et al. Calibration of micro－scaled mechanical parameters of granite based on a bonded－particle model with 2D particle flow code [J]. Granular Matter，2019 21 (2)：1－13.

[97] 刘东海，赵梦麒. 心墙沥青混凝土压实 PFC 模拟细观参数反演 [J]. 河海大学学报（自然科学版），2020，48 (1)：53－59.

[98] 李守巨，李德，于申. 基于宏观实验数据的堆石料细观本构模型参数反演 [J]. 山东科技大学学报（自然科学版），2015，5：20－26.

[99] 杨杰，马春辉，程琳，等. 基于 QGA－SVM 的堆石料离散元细观参数标定模型 [J]. 水利水电科技进展，2018，38 (5)：53－58，75.

[100] 李世海，高波，燕琳. 三峡永久船闸高边坡开挖三维离散元数值模拟 [J]. 岩土力学，2002，3：272－277.

[101] 冷先伦，盛谦，廖红建，等. 反倾层状岩质高边坡开挖变形破坏机理研究 [J]. 岩石力学与工程学报，2004，1：4468－4472.

[102] 徐奴文，李韬，戴峰，等. 基于离散元模拟和微震监测的白鹤滩水电站左岸岩质边坡稳定性分析 [J]. 岩土力学，2017，38 (8)：2358－2367.

[103] WANG Z Y, GU D M, ZHANG W G. Influence of excavation schemes on slope stability：A DEM [J]. Journal of Mountain Science，2020，17 (6)：1509－1522.

[104] 杜朋召，刘建，韩志强，等. 基于复杂结构精细描述的岩质高边坡稳定性分析 [J]. 岩土力学，2013，34 (S1)：393－398.

[105] 王成虎，何满潮，郭啟良. 水电站高边坡变形及强度稳定性的系统分析研究 [J]. 岩土力学，2007，28 (S1)：581－585.

[106] WANG H B, ZHANG B, MEI G，et al. A statistics－based discrete element model-

ing method coupled with the strength reduction method for the stability analysis of jointed rock slopes [J]. Engineering Geology，2020，264.

[107] LU Y，TAN Y，LI X. Stability analyses on slopes of clay - rock mixtures using discrete element method [J]. Engineering Geology，2018，44：116 - 124.

[108] 蒋明镜，江华利，廖优斌，等. 不同形式节理的岩质边坡失稳演化离散元分析 [J]. 同济大学学报（自然科学版），2019，47（2）：167 - 174.

[109] 李世海，刘天苹，刘晓宇. 论滑坡稳定性分析方法 [J]. 岩石力学与工程学报，2009，28（S2）：3309 - 3324.

[110] LU C Y，TANG C L，CHAN Y C，et al. Forecasting landslide hazard by the 3D discrete element method：A case study of the unstable slope in the Lushan hot spring district，central Taiwan [J]. Engineering Geology，2014，183：14 - 30.

[111] WENG M C，LO C M，WU C H，et al. Gravitational deformation mechanisms of slate slopes revealed by model tests and discrete element analysis [J]. Engineering Geology，Volume 2015，189：116 - 132.

[112] 汪儒鸿，周海清，彭国园. 堆石体边坡突变失稳特性的离散元模拟分析 [J]. 兵器装备工程学报，2018，39（6）：192 - 196.

[113] 张玉军，朱维申. 小湾水电站左岸坝前堆石体在自然状态下稳定性的平面离散元与有限元分析 [J]. 云南水力发电，2000，1：36 - 39.

[114] 梁希林. 长甸水电站改造工程渣场堆渣边坡稳定分析 [J]. 东北水利水电，2019，37（7）：7 - 8，40，71.

[115] 刘蕾，门玉明，袁立群. 巨石混合体边坡失稳模式研究 [J]. 南水北调与水利科技，2013，11（5）：112 - 115.

[116] DESCOUEDRES F，ZIMMERMANN T. Three - Dimensional Dynamic Calculation of Rockfalls [J]. Canada Montreal：Proceedings of the Sixth International Congress of Rock Mechanics，1987：337 - 342.

[117] 蒋景彩，能野一美，山上拓男. 滚石离散元数值模拟的参数反演（英文）[J]. 岩石力学与工程学报，2008，27（12）：2418 - 2430.

[118] FAUSTO G，GIOVANNI C，RICCARDO D，et al. STONE：a computer program for the three - dimensional simulation of rock - falls [J]. Computers and Geosciences，2002，28（9）：1079 - 1093.

[119] THOENI K，GIACOMINI A，LAMBERT C，et al. A 3D discrete element modelling approach for rockfall analysis with drapery systems [J]. International Journal of Rock Mechanics and Mining ences，2014，68：107 - 119.

[120] TOE D，BOURRIER F，OLMEDO I，et al. Analysis of the effect of trees on block propagation using a DEM model：implications for rockfall modelling [J]. Landslides，2017，14（5），1603 - 1614.

[121] ZHU Z H，YIN J H，QIN J Q，et al. A new discrete element model for simulating a flexible ring net barrier under rockfall impact comparing with large - scale physical model test data [J]. Computers and Geotechnics，2019，116.

[122] 戎泽鹏，范宣梅，董远峰，等. 基于 PFC3D 和 Rockfall 的中武山危岩体数值模拟研究 [J]. 科学技术与工程，2020，20（8）：3203 - 3210.

[123] XU Z H, WANG W Y, LIN P, et al. Buffering Effect of Overlying Sand Layer Technology for Dealing with Rockfall Disaster in Tunnels and a Case Study [J]. International Journal of Geomechanics, 2020, 20 (8).

[124] CORKUM A G, MARTIN C D. Analysis of a rock slide stabilized with a toe-berm: a case study in British Columbia, Canada [J]. International Journal of Rock Mechanics and Mining sciences, 2004, 41 (7): 1109-1121.

[125] 王吉亮, 李会中, 杨静, 等. 乌东德水电站右岸引水洞进口边坡稳定性研究 [J]. 水利学报, 2012, 43 (11): 1271-1278.

[126] 陈晓斌, 张家生, 安关峰, 等. 岩石高边坡弹塑性平面离散元分析研究 [J]. 岩土力学, 2006, 27 (S2): 1112-1118.

[127] 贾彬, 陈青松. 基于离散元的某露天矿东采区边坡稳定性分析 [J]. 中国水运 (下半月), 2019, 19 (4): 255-256.

[128] NG C W W, CHOI C E, SONG D, et al. Physical modeling of baffles influence on landslide debris mobility [J]. Landslides, 2015, 12 (3): 627-627.

[129] CHOI C E, NG C W W, LAW R P H, et al. Computational investigation of baffle configuration on impedance of channelized debris flow [J]. Canadian Geotechnical Journal, 2015, 52 (2): 182-197.

[130] BI Y Z, HE S M, DU Y J, et al. Effects of the configuration of a baffle-avalanche wall system on rock avalanches in Tibet Zhangmu: discrete element analysis [J]. Bulletin of Engineering Geology and the Environment, 2019, 78: 2267-2282.

[131] BI Y Z, DU Y J, HE S M, et al. Numerical analysis of effect of baffle configuration on impact force exerted from rock avalanches [J]. Landslides, 2018, 15 (5): 1029-1043.

[132] EFFEINDZOUROU A, THOENI K, GIACOMINI A, et al. Efficient discrete modelling of composite structures for rockfall protection [J]. Computers and Geotechnics, 2017, 87: 99-114.

[133] DUGELAS L, COULIBALY J B, BOURRIER F, et al. Assessment of the predictive capabilities of discrete element models for flexible rockfall barriers [J]. International journal of impact engineering, 2019, 133.

[134] SU Y C, CHOI C E. Effects of particle shape on the cushioning mechanics of rock-filled gabions [J]. Acta Geotechnica, 2020.

[135] SU Y, CUI Y, NG C W W, et al. Effects of particle size and cushioning thickness on the performance of rock-filled gabions used in protection against boulder impact [J]. Canadian Geotechnical Journal, 2019, 56 (2).

[136] MENDES N, ZANOTTI S, LEMOS J V. Seismic Performance of Historical Buildings Based on Discrete Element Method: An Adobe Church [J]. Journal of Earthquake Engineering, 2018, 24 (8): 1270-1289.

[137] ZHU C, HUANG Y, SUN J. Solid-like and liquid-like granular flows on inclined surfaces under vibration-Implications for earthquake-induced landslides [J]. Computers and Geotechnics, 2020, 123.

[138] ZHOU X, SHENG Q, CUI Z. Dynamic boundary setting for discrete element

method considering the seismic problems of rock masses [J]. Granular Matter, 2019, 21 (3).

[139] 周兴涛，盛谦，冷先伦，等. 颗粒离散单元法地震动力时程计算黏性人工边界及其应用 [J]. 岩石力学与工程学报，2017，4：154 - 165.

[140] STEFANO U，尹振宇，蒋明镜. 坝底水浮力对重力坝稳定性的影响分析 [J]. 岩石力学与工程学报，2008，8：1554 - 1568.

[141] 陈宜楷. 基于颗粒流离散元的尾矿库坝体稳定性分析 [D]. 长沙：中南大学，2012.

[142] 杨啸铭. 基于 PFC～（2D）的邱山铁矿尾矿库坝体稳定性和溃坝模拟分析研究 [D]. 昆明：昆明理工大学，2015.

[143] 王洪洋. 加筋土石坝漫顶溃坝机理研究 [D]. 北京：北京工业大学，2016.

[144] SHI C，YANG W，CHU W，et al. Study of anti - sliding stability of a dam foundation based on the fracture flow method with 3D discrete element code [J]. Energies，2017，10 (10).

[145] 周伶杰. 某尾矿坝稳定性的颗粒流数值模拟研究 [D]. 南昌：江西理工大学，2018.

[146] 张冲，金峰. 三维模态变形体离散元方法及应用研究 [J]. 水电站设计，2010，26 (3)：1 - 9.

[147] 胡卫. 高拱坝破损溃决全过程模拟及安全评价方法研究 [D]. 北京：清华大学，2010.

[148] PEKAU O A，YUZ C. Failure analysis of fractured dams during earthquakes by DEM [J]. Engineering Structures，2004，26 (10)：1483 - 1502.

[149] 侯艳丽. 砼坝-地基破坏的离散元方法与断裂力学的耦合模型研究 [D]. 北京：清华大学，2005.

[150] 王辉，冉红玉，常晓林，等. 基于离散元法的柔性挡土坝稳定分析 [J]. 中国农村水利水电，2010，9：44 - 47.

[151] 罗斌瑞. DDA 在堆石坝应力变形分析中的应用研究 [D]. 郑州：郑州大学，2012.

[152] 叶健，陶和平，陈锦雄，等. 基于 GPU 的岩石碎屑流与拦砂坝交互场景的三维建模与可视化 [J]. 中南大学学报（自然科学版），2013，44 (2)：718 - 725.

[153] 王冰玲，刘军. 爆炸载荷下混凝土坝溃坝过程的连续仿真 [J]. 系统仿真学报，2014，26 (1)：159 - 162.

[154] SU H，FU Z，GAO A，et al. Numerical simulation of soil levee slope instability using particle - flow code method [J]. Natural Hazards Review，2019，20 (2).

[155] LIU D，SUN L，MA H，et al. Process simulation and mesoscopic analysis of rockfill dam compaction using discrete element method [J]. International Journal of Geomechanics，2020，20 (6).

[156] 孔宪京，刘君，韩国城. 面板堆石坝模型动力破坏试验与数值仿真分析 [J]. 岩土工程学报，2003，1：26 - 30.

[157] 刘汉龙，杨贵. 土石坝振动台模型试验颗粒流数值模拟分析 [J]. 防灾减灾工程学报，2009，29 (5)：479 - 484.

[158] 井向阳，杨利福，马刚，等. 考虑颗粒形状的面板堆石坝振动台模型试验 DEM 模拟 [J]. 振动与冲击，2018，37 (24)：99 - 105.

[159] 邱流潮. 基于联合有限-离散元法的混凝土重力坝地震破坏过程仿真 [J]. 水力发

电，2009，35（5）：36-38.

[160] 申振东，许栋，白玉川，等. 基于联合有限元-离散元的混凝土重力坝破坏三维仿真模拟 [J]. 计算力学学报，2017，34（1）：49-56.

[161] 人工智能标准化白皮书（2019版）[R]. 北京：中国电子技术标准化研究院，2019.

[162] 丁世飞，齐丙娟，谭红艳. 支持向量机理论与算法研究综述 [J]. 电子科技大学学报，2011，40（1）：2-10.

[163] 陈凯，朱钰. 机器学习及其相关算法综述 [J]. 统计与信息论坛，2007，22（5）：105-112.

[164] MCCULLOCH W S, PITTS W. A logical calculus of the ideas imuninet in nervous activity [J]. Bulletin of Mathematical Biophysics, 1943, 5: 115-133.

[165] TINOCO J, GRANRUT M D, DIAS D, et al. Piezometric Level Prediction based on Data Mining Techniques [J]. Neural Computing and Applications, 2020, 32 (8): 4009-4024.

[166] NGUYEN-Le D H, TAO QB, NGUYEN VH, et al. A data-driven approach based on long short-term memory and hidden Markov model for crack propagation prediction [J]. Engineering Fracture Mechanics, 2020, 235.

[167] ELRON B. Bayes' theorem in the 21st century [J]. Science, 2013, 340 (6137): 1177-1178.

[168] AMLASHI A T, ALIDOUST P, GHANIZADEH A R, et al. Application of computational intelligence and statistical approaches for auto-estimating the compressive strength of plastic concrete [J]. European Journal of Environmental and Civil Engineering, 2020.

[169] Ma C, YANG J, CHENG L, et al. Adaptive parameter inversion analysis method of rockfill dam based on harmony search algorithm and mixed multi-output relevance vector machine [J]. Engineering Computations, 2020, 37 (7): 2229-2249.

[170] KANG F, LIU X, LI J. Temperature effect modeling in structural health monitoring of concrete dams using kernel extreme learning machines [J]. Structural Health Monitoring, 2020, 19 (4): 987-1002.

[171] BAO T F, LI J M, LU Y F, et al. IDE-MLSSVR-Based back analysis method for multiple mechanical parameters of concrete dams [J]. Journal of Structural Engineering, 2020, 146 (8).

[172] 时燕. 进化规划算法的研究与改进 [D]. 济南：山东师范大学，2008.

[173] TAN J, XU L, ZHANG K, et al. A biological immune mechanism-based quantum pso algorithm and its application in back analysis for seepage parameters [J]. Mathematical Problems in Engineering, 2020, 8: 1-13.

[174] QADERI K, AKBARIFARD S, MADADI M R, et al. Optimal operation of multi-reservoirs by water cycle algorithm [J]. Proceedings of the Institution of Civil Engineers, 2018, 171: 179-190.

[175] MA C H, YANG J, CHENG L, et al. Adaptive parameter inversion analysis method of rockfill dam based on harmony search algorithm and mixed multi-output

167

relevance vector machine [J]. Engineering Computations，2020，37（7）：2229－2249.

[176] FANG Z, SU H, WEN Z. Joint back analysis for dynamic material parameters of concrete dam based on time－frequency domain information [J]. Structural Control and Health Monitoring，2019，26 (12).

[177] ZHAO H, RU Z, LI S. Coupling relevance vector machine and response surface for geomechanical parameters identification [J]. Geomechanics and engineering，2018，15 (6)：1207－1217.

[178] YAZDI J, TORSHIZI A D, ZAHRAIE B. Risk based optimal design of detention dams considering uncertain inflows [J]. Stochastic Environmental Research and Risk Assessment，2016，30 (5)：1457－1471.

[179] ZHUANG D Y, MA K, TANG C A，et al. Mechanical parameter inversion in tunnel engineering using support vector regression optimized by multi－strategy artificial fish swarm algorithm [J]. Tunnelling and Underground Space Technology，2019，83：425－436.

[180] WEI B，YUAN D, XU Z，et al. Modified hybrid forecast model considering chaotic residual errors for dam deformation [J]. Structural Control and Health Monitoring，2017, 25 (8)：1－16.

[181] WANG J, ZHONG D, Wu B, et al. Evaluation of compaction quality based on SVR with CFA：case study on compaction quality of earth－rock dam [J]. Journal of Computing in Civil Engineering，2018，32 (3).

[182] KARAMI H, FARZIN S, JAHANGIRI A，et al. Multi－reservoir system optimization based on hybrid gravitational algorithm to minimize water－supply deficiencies [J]. Water Resources Management，2019，33 (8)：2741－2760.

[183] 郦能惠，杨泽艳. 中国混凝土面板堆石坝的技术进步 [J]. 岩土工程学报，2012，34 (8)：1361－1368.

[184] 傅志安. 混凝土面板堆石坝 [M]. 武昌：华中理工大学出版社 1993.

[185] 魏松，朱俊高. 粗粒料湿化变形三轴试验中几个问题 [J]. 水利水运工程学报，2006，1：19－23.

[186] 程展林，丁红顺，吴良平. 粗粒土试验研究 [J]. 岩土工程学报，2007，29 (8)：1151－1158.

[187] 赵飞翔，迟世春，米晓飞. 基于颗粒破碎特性的堆石材料级配演化模型 [J]. 岩土工程学报，2019，41 (9)：1707－1714.

[188] POTYONDY D O, CUNDALL P A. A bonded－particle model for rock [J]. International Journal of Rock Mechanics and Mining Sciences，2004，41 (8)：1329－1364.

[189] DUNCAN J M, CHANG C Y. Nonlinear analysis of stress and strain in soils [J]. Asce Soil Mechanics Foundation Division Journal，1970，96 (5)：1629－1653.

[190] WEN L, CHAI J, WANG X, et al. Behaviour of concrete－face rockfill dam on sand and gravel foundation [J]. Geotechnical Engineering，2015，168（5）：439－456.

[191] GEEM Z W, KIM J H, LOGANATHAN G V. A new heuristic optimization algorithm: harmony search [J]. Simulation, 2001, 76 (2): 60 - 68.

[192] 金永强, 苏怀智, 李子阳. 基于和声搜索的边坡稳定性投影寻踪聚类分析 [J]. 水利学报, 2007, 10: 682 - 686.

[193] 李亮, 迟世春, 林皋. 改进和声搜索算法及其在土坡稳定分析中的应用 [J]. 土木工程学报, 2006, 39 (5): 107 - 111.

[194] 王蕊, 夏军, 张文华. 和声搜索法在非线性马斯京根模型参数率定中的应用 [J]. 水电能源科学, 2008, 26 (4): 36 - 39.

[195] MAHDAVI M A, ZOUNEMAT K M. A new integrated model of the group method of data handling and the firefly algorithm (GMDH - FA): application to aeration modelling on spillways [J]. Artificial Intelligence Review, 2020, 53 (4): 2549 - 2569.

[196] ZHANG H Y, ZHANG L J. Tuned mass damper system of high - rise intake towers optimized by improved harmony search algorithm [J]. Engineering Structures, 2017, 138: 270 - 282.

[197] SUN P M, BAO T F, GU C S, et al. Parameter sensitivity and inversion analysis of a concrete faced rock - fill dam based on HS - BPNN algorithm [J]. Science China - Technological Sciences, 2016, 59 (9): 1442 - 1451.

[198] ZOU D, GAO L, LI S, et al. An effective global harmony search algorithm for reliability problems [J]. Expert Systems with Applications, 2011, 38 (4): 4642 - 4648.

[199] DAI X S, YUAN X F, ZHANG Z J. A self - adaptive multi - objective harmony search algorithm based on harmony memory variance [J]. Applied Soft Computing, 2015, 35: 541 - 557.

[200] TIPPING M E. Sparse bayesian learning and the relevance vector machine [J]. Journal of Machine Learning Research, 2001, 1: 211 - 244.

[201] 杜传阳, 郑东健. 相关向量机理论在大坝变形监测模型中的方法研究 [J]. 武汉大学学报: 工学版, 2015, 48 (5): 652 - 657.

[202] 顾微, 包腾飞, 王慧, 等. 基于不同核函数的某重力拱坝相关向量机模型精度比较 [J]. 中国农村水利水电, 2015 (6): 112 - 115.

[203] 屠立峰, 包腾飞, 唐琪, 等. 基于 PSO - RVM - ARIMA 的大坝变形预警模型 [J]. 水电能源科学, 2015, 33 (6): 68 - 71.

[204] 王海军, 毛柳丹, 练继建. 基于 RVM 方法的水电站厂房结构振动预测研究 [J]. 振动与冲击, 2015, 34 (3): 23 - 27.

[205] LI Y Y, CHEN J P, SHANG Y J. An RVM - Based model for assessing the failure probability of slopes along the jinsha river, close to the wudongde dam site, China [J]. Sustainability, 2017, 9 (1).

[206] OKKAN U, INAN G. Bayesian learning and relevance vector machines approach for downscaling of monthly precipitation [J]. Journal of Hydrologic Engineering, 2014, 20 (4): 04014051.

[207] BISHOP C M, TIPPING M E. Variational relevance vector machines [C]. Proceed-

ings of the 16th Conference on Uncertainty in Artificial Intelligence. Morgan Kaufmann Publishers Inc，2000：46-53.

[208] TIPPING M E，FAUL A C. Fast marginal likelihood maximisation for sparse bayesian models [C]. Avenuse J J T，Proceedings of the Ninth International Workshop on Artificial Intelligence and Statistics. Florida：Key West，2003：1-13.

[209] TIPPING M E，LAWRENCE N D. Variational inference for student-t models：robust bayesian interpolation and generalised component analysis [J]. Neurocomputing，2005，69（1-3）：123-141.

[210] YANG Z R. A Fast Algorithm for Relevance Vector Machine [C]. International Conference on Intelligent Data Engineering and Automated Learning. Springer-Verlag，2006：33-39.

[211] CLARK A，EVERSON R M. Multi-objective learning of relevance vector machine classifiers with multi-resolution kernels [J]. Pattern Recognition，2012，45（9）：3535-3543.

[212] THAYANANTHA A，NAVARTNAMA R，STENGERB R. Pose estimation and tracking using multivariate regression [J]. Pattern Recognition Letters，2008，29（9）：1302-1310.

[213] HA Y，ZHANG H. Fast multi-output relevance vector regression [J]. Economic Modelling，2019，81：217-230.

[214] 王波，刘树林，张宏利，等. 相关向量机及其在机械故障诊断中的应用研究进展 [J]. 振动与冲击，2015，34（5）：145-153.

[215] 郑志成，徐卫亚，徐飞，等. 基于混合核函数PSO-LSSVM的边坡变形预测 [J]. 岩土力学，2012，33（5）：1421-1426.

[216] 余志雄，周创兵，李俊平，等. 基于v-SVR算法的边坡稳定性预测 [J]. 岩石力学与工程学报，2005，24（14）：2468-2475.

[217] ZHAO H B，YIN S D，RU Z L. Relevance vector machine applied to slop stability analysis [J]. International Journal for Numerical and Analysis Methods in Geomechanics，2012，36：643-652.

[218] 殷宗泽. 土工原理 [M]. 北京：中国水利水电出版社，2007.

[219] 王建娥. 考虑材料参数空间变异性的面板堆石坝非侵入式随机有限元方法研究 [D]. 西安：西安理工大学，2019.

[220] 张龙. 鸡尾山高速远程滑坡运动过程模拟研究 [D]. 武汉：中国地质大学，2012.

[221] 王塞玉，赵涛，戴峰，等. 堆石料力学性能的数值模拟分析 [J]. 工程科学与技术，2017，49（1）：125-131.

[222] 孙德胜，邵磊，李士杰. 三维粒状脆性材料颗粒破碎的数值三轴试验 [J]. 水电能源科学，2014，4：113-116.

[223] 李杨，余成学. 堆石料单粒强度尺寸效应的颗粒流模拟方法研究 [J]. 岩土力学，2018，8：2951-2959.

[224] TAGHAVI R. Automatic clump generation based on mid-surface [C]. Proceedings 2nd International FLAC/DEM Symposium，Melbourne，2011：791-797.

[225] 陈生水，程展林，孔宪京. 高土石坝试验技术与安全评价理论及应用 [J]. 水利水

电技术，2018，1：7-15.

[226] 孔宪京，刘京茂，邹德高. 堆石料尺寸效应研究面临的问题及多尺度三轴试验平台 [J]. 岩土工程学报，2016，11：1941-1947.

[227] SHAO L, CHI S C, ZHOU L J, et al. Discrete element simulation of crushable rockfill materials [J]. Water Science and Engineering, 2013, 6 (2): 215-229.

[228] 杨杰，马春辉，向衍，等. 基于相关向量机与随机有限元的筑坝材料参数不确定性反分析 [J]. 中国科学：技术科学，2018，48 (10): 1113-1121.

[229] CORINNA C, VLADIMIR V. Support - Vector Networks [J]. Machine Learning, 1995, 20: 273-297.

[230] 高永刚，岳建平，石杏. 支持向量机在变形监测数据处理中的应用 [J]. 水电自动化与大坝监测，2005，29 (5): 36-39.

[231] 宋志宇，李俊杰. 最小二乘支持向量机在大坝变形预测中的应用 [J]. 水电能源科学，2006，24 (6): 49-52.

[232] 肖兵，宋志诚，屠丹，等. 基于 PSO - SVM 模型的面板堆石坝堆石料参数反演分析 [J]. 水电能源科学，2015，3: 54-56.

[233] POURGHASEMI H R, YOUSEFI S, SADHASIVAM N, et al. Assessing, mapping, and optimizing the locations of sediment control check dams construction [J]. Science of The Total Environment, 2020, 739.

[234] SUN Z, WANG L, ZHOU J Q, et al. A new method for determining the hydraulic aperture of rough rock fractures using the support vector regression [J]. Engineering Geology, 2020, 271.

[235] BOSER E, GUYOU I M, VAPNIK V N. A training algorithm for optimal margin classifiers [C] Proc of the 5th Annual Workshop on Computational Learning Theory. New York: ACM Press, 1992: 144-152.

[236] SUYKENS J, VANDEWALLE J. Least squares support vector machine classifiers [J]. Neural Processing Letters, 1999, 9 (3): 293-300.

[237] HOLLAND J H. Adaption in Natural and Artificial Systemsp [D]. Ann Arbor: University of Michigan Press, 1975.

[238] NARAYANAN A, MOORE M. Quantum - inspired genetic algorithms [C]. IEEE International Conference on Evolutionary Computation. Washington, DC: IEEE, 1996.

[239] HAN K H, KIM J H. Genetic quantum algorithm and its application to combinatorial optimization problem [C]. Proceedings of the 2000 Congress on Washington, DC: IEEE, 2002.

[240] 邱道宏，李术才，薛翊国，等. 基于数字钻进技术和量子遗传-径向基函数神经网络的围岩类别超前识别技术研究 [J]. 岩石力学，2014，7: 2013-2018.

[241] 蒋水华，李典庆，周创兵. 基于拉丁超立方抽样的边坡可靠度分析非侵入式随机有限元法 [J]. 岩土工程学报，2013，35 (s2): 70-76.

[242] 舒苏荀，龚文惠. 边坡稳定分析的神经网络改进模糊点估计法 [J]. 岩土力学，2015，36 (7): 2111-2116.

[243] 马春辉，杨杰，程琳，等. 基于混合核函数 HS - RVM 的边坡稳定性分析 [J]. 岩

石力学与工程学报，2017，(s1)：3409-3415.

[244] 杨煜. 基于三轴与CT试验的粗粒土填料宏细观力学特征研究 [D]. 长沙：长沙理工大学，2018.

[245] 吴良平. 粗粒土组构试验研究 [D]. 武汉：长江科学院，2007.

[246] 周梦佳，宋二祥. 高填方地基强夯处理的颗粒流模拟及其横观各向同性性质 [J]. 清华大学学报（自然科学版），2016，12：1312-1319.

[247] ZHOU W，YANG L，MA G，et al. Macro-micro responses of crushable granular materials in simulated true triaxial tests [J]. Granular Matter，2015，17 (4)：497-509.

[248] NGO NT，INDRARATNA B，RUJIKIATKAMJORN C. Micromechanics-based investigation of fouled ballast using large-scale triaxial tests and discrete element modeling [J]. Journal of Geotechnical and Geoenvironmental Engineering，2016，143 (2)：1-16.

[249] BATURST R J，ROTHENBURG L. Observations on stress-force-fabric relationships in idealized granular materials [J]. Mechanics of Materials，1990，9 (1)：65-80.

[250] ROTHENBURG L，BATHURST R J. Analytical study of induced anisotropy in idealized granular aterials [J]. Geotechnique，1989，39 (4)：601-614.

[251] 高建勇. 黄土高边坡稳定性的智能化分析与预测 [D]. 杨凌：西北农林科技大学，2007.

[252] 汪莹鹤，王保田，梅国雄. 随机有限层理论及其在地基沉降可靠度计算中的应用 [J]. 岩土工程学报，2009，31 (2)：282-286.

[253] 杨杰，胡德秀，梁德胜. 大坝安全监测管理信息系统开发研究 [J]. 中国水能及电气化，2011，8：1-6.

[254] SALAZAR F，MORÁN R，TOLEDO MÁ，et al. Data-Based models for the prediction of dam behaviour：a review and some methodological considerations [J]. Archives of Computational Methods in Engineering. 2017，24 (1)：1-21.

[255] 张家铭，刘浩，胡恒，等. 咸池沟弃渣场渣体大型三轴试验研究 [J]. 工程勘察，2012，40 (12)：4-7.

[256] LI W C，LI H J，DAI F C，et al. Discrete element modeling of a rainfall-induced flowslide [J]. Engineering geology，2012，149：22-34.

[257] 曹文，李维朝，唐斌，等. PFC滑坡模拟二、三维建模方法研究 [J]. 工程地质学报，2017，2：455-462.

[258] 周健，王家全，曾远，等. 土坡稳定分析的颗粒流模拟 [J]. 岩土力学，2009，1：86-90.

[259] 金磊，曾亚武，程涛，等. 土石混合体边坡稳定性的三维颗粒离散元分析 [J]. 哈尔滨工业大学学报，2020，52 (2)：41-50.

[260] 毕冉. 基于能量跟踪法的三维数值千枚岩落石机理分析 [D]. 西安：长安大学，2016.

[261] 赵川，付成华，邹海明，等. 基于离散单元法的三维滑坡过程数值模拟分析 [J]. 人民珠江，2015，2：12-15.

[262] 严琼，乔可帅，陈钒，等. 基于连续-离散耦合的公路拓宽路基变形及换填处治宏细观分析 [J]. 公路交通科技，2017，10：26-33.

[263] 刘云贺，张伯艳，陈厚群. 拱坝地震输入模型中黏弹性边界与黏性边界的比较 [J]. 水利学报，2006，6：758-763.

[264] 朱艳艳. 完美匹配层人工边界数值实施方法研究 [D]. 哈尔滨：哈尔滨工业大学，2013.

[265] 刘一飞. 基于颗粒离散元方法的边坡动力相应规律研究 [D]. 成都：西南交通大学，2016.